国家重大建设工程关键技术丛书

北京大兴国际机场道面混凝土
无裂缝施工技术

杨文科　主编

中国建材工业出版社

图书在版编目（CIP）数据

北京大兴国际机场道面混凝土无裂缝施工技术／杨
文科主编. — 北京：中国建材工业出版社，2021.4
ISBN 978-7-5160-1726-5

Ⅰ. ①北… Ⅱ. ①杨… Ⅲ. ①飞机跑道－路面施工－
混凝土施工－北京 Ⅳ. ①V351.11

中国版本图书馆 CIP 数据核字（2020）第 263312 号

内 容 简 介

本书从北京大兴国际机场的工程实际出发，详细叙述了在北京大兴国际机场进行混凝土无裂缝施工的全部实践过程，主要包括：原材料选择、配合比设计、施工工艺控制和质量管理，阐述了施工现场每一步所做的实际工作以及取得的效果。

众所周知，混凝土裂缝问题是世界级技术难题，影响因素非常之多。本书作者团队通过北京大兴国际机场工程的实践，用"蚂蚁啃骨头"的办法对影响混凝土裂缝的每一个因素进行排查，最终实现了无裂缝施工这个目标。

本书对混凝土工程技术人员解决裂缝问题具有重要的指导意义，可作为混凝土配合比设计、生产、施工人员的培训教材，也可供施工单位的工程技术人员及管理人员阅读参考。

北京大兴国际机场道面混凝土无裂缝施工技术
Beijing Daxing Guoji Jichang Daomian Hunningtu Wuliefeng Shigong Jishu
杨文科　主编

出版发行：中国建材工业出版社
地　　址：北京市海淀区三里河路 1 号
邮　　编：100044
经　　销：全国各地新华书店
印　　刷：北京雁林吉兆印刷有限公司
开　　本：787mm×1092mm　1/16
印　　张：12.5
字　　数：300 千字
版　　次：2021 年 4 月第 1 版
印　　次：2021 年 4 月第 1 次
定　　价：**98.00 元**

编 委 会

序　言

北京大兴国际机场的跑道混凝土确实做得不错，可以说是做到了质量的上乘。但是有人不服气说：他们用的是干硬性混凝土，容易做到不裂。严格来说，机场使用的并不算是干硬性混凝土。历史上用过的干硬性混凝土拌合物之所以干硬，不在于用水量少，而是浆少：每立方米混凝土的水泥用量只有一百多千克，坍落度为 0，并在工业黏度计上振捣，检测混凝土拌合物被振平所需时间达 30s（称作工作度）。施工现场无法实现密实均匀的成型，只能用于工厂预制构件，通过加压强力振捣，所产生的巨大噪声，严重损伤工人的听力，因而被淘汰。机场跑道所用混凝土，坍落度允许为 0～5mm，工作度 20s。这样的拌合物应当属于低塑性混凝土，还达不到干硬性的程度。因为低塑性，拌合物匀质性较难保证，搅拌、浇筑和振捣的施工难度并不比干硬性混凝土的差，所以控制裂缝也并不像人们想象的那样容易。

从根本上来说，收缩是水泥混凝土的本征特性，在约束条件下产生的收缩应力超过混凝土内部实际的极限应力时，就会产生裂缝。钢筋混凝土构件及其组成的结构存在各种对混凝土的约束条件。因此在人们的观念上就认为"混凝土是不可能不裂的"，"混凝土都是带缝工作的"。但是，对混凝土结构来说，耐久性比强度更重要，因此首先就要密实，以阻挡环境中侵蚀性介质的侵入。现行对混凝土耐久性检测的方法，是在一定标准条件下用一定的标准方法成型和养护的小试件检测，得到与耐久性相关的实验室指标。该指标表征不同原材料组成、不同配合比混凝土的本征特性，其适用的前提是无裂缝，因为裂缝是环境侵蚀性介质侵入的通道，一旦混凝土开裂，则上述各种耐久性试验指标都不再有意义。混凝土硬化后，新生成裂缝比已有裂缝的扩展容易得多，因而早期开裂，后期必然开裂；早期不裂的，由于不可见的裂缝仍会存在，后期也不一定不裂；即使按耐久性要求，将混凝土做到氯离子扩散系数很小，而一旦出现裂缝，耐久性就会失去保证。这就是混凝土结构裂缝控制的必要性和难度所在。

机场跑道对混凝土抗裂性要求很高，绝对不允许出现裂缝。北京大兴国际机场是怎样做到飞机跑道混凝土无裂缝施工的呢？一是他们的"工匠精神"，严格认真地好好做；二是杨文科受美国垦物局工程师 Burrows 所著《混凝土的可见与不可见裂缝》一书中提出的"不裂水泥"建议的启发，开发了一种具有低开裂敏感性而又适合于当前工程要求特点的可操作性"抗裂水泥"。但是，以前没有这种"抗裂水泥"，他们做的机场跑道全部合格交工。这前后有什么差别呢？

首先要明确一个理念：所谓"无裂缝"，指的是最终结果，亦即完成施工后的要求。机场混凝土跑道道面施工过程中，一旦出现裂缝，必须凿掉（行话称作"断板"）重做。

他们做的混凝土跑道道面，在没有"抗裂水泥"时，每 1 万 m² 道面有断板 1～5 块；在北京大兴国际机场使用"抗裂水泥"后，完成混凝土道面约 1000 万 m²，断板只有 14 块。这说明，"好好做"比"好材料"更重要。"好材料"也必须由"好好做"来保证；但是没有"好材料"时，代价会更大，所以"好材料"也是必须的，是前提。但无论做什么，"好好做"都是最重要的。著名的古罗马万神庙，已屹立于世 2000 年，史书记载当时的建造师们对以石灰与火山灰为胶凝材料的混凝土"精心挑选，精心准备，精心搅拌"。不仅在技术上要好好做，工程中出现的问题，实际上大部分不是技术问题，其中，管理——全面质量控制比技术更重要。从本书中也可见一斑。

概括地说，裂缝控制的要点就是尽量减小混凝土材料的收缩和尽量减少约束。前者主要需从混凝土材料的内部因素分析，后者主要需在结构设计和施工中解决。建设主管方如果不懂得混凝土本身的规律而要求不合理时，也可能会使裂缝难以避免。也就是说，混凝土的裂缝控制是一项复杂的系统工程。涉及建设主管方的理念和要求、设计的结构和构造、混凝土原材料的要求与选控、混凝土拌合物的试配和制备、施工中混凝土的成型工艺措施和操作质量等各环节。长久以来，以上各方基本上各行其是。且不论设计和施工的相互脱离、设计与施工对混凝土的缺乏了解，就混凝土材料来说，任何材料必须经过工艺过程制作出最终的产品，才能具有使用价值。工艺过程常常是影响科研成果转化为生产力和产品质量的关键。过去混凝土由施工单位按照需要制备成拌合物，立即进行浇筑、振捣、抹面、养护等工艺过程，完成构件的生产。现行建筑法中，混凝土结构工程建造的承担者是施工单位，预拌混凝土只是包含在施工中，并不独立承担工程责任。现在，预拌混凝土成为独立的行业，施工单位不对混凝土拌合物负责，预拌混凝土单位也无法对最终产品负责；一旦工程出现什么问题，往往纠纷不止。另一方面，混凝土原材料严重脱离混凝土的需要，也是混凝土裂缝越来越难以控制的原因之一。近若干年来，不少人尝试解决这个问题，例如水泥企业或建设集团收购混凝土搅拌站，却因没解决生产关系问题而仍然是两层皮，并未见对混凝土质量有什么影响；建设集团收购搅拌站，却未能解决原材料问题。至今，做得最好的个别搅拌站，自行加工复合矿物掺合料和骨料，但是仍没有从根本上改善现行市售水泥存在的问题。此次大兴国际机场跑道的施工，把对水泥的改造纳入裂缝控制成套技术之中，打破了混凝土工程中三个环节互相脱离的方式，为原材料的优化——混凝土制备——施工全过程一体化首开先河。再加上质量的过程控制，精心管理，这也是出版本书的重要意义。

2020 年 10 月于清华园

前　言

　　北京大兴国际机场是我国建成的又一举世瞩目的大工程。一次性建成四条跑道，规模为亚洲第一，它设计理念先进，候机楼规模宏大，设计端庄美丽，从概念设计开始，就轰动了全世界。

　　为了无愧于国家赋予我们的神圣职责，北京大兴国际机场指挥部从工程一开始就对每个参建单位和参建者提出了更高更严的质量要求和目标。要求每一项工作，都必须达到世界一流。

　　我和我的团队，都是长期进行机场建设的混凝土工程技术人员，绝大部分人都有着丰富的机场飞行区道面混凝土工程施工经验，按照指挥部领导的要求，我们必须在混凝土的质量和耐久性上下功夫，在道面质量上有突破，所以，2015年春季，我们混凝土团队多次开会，研究如何才能建成世界一流的混凝土跑道。就如何提高工程质量的问题，我们进行了反复研究。

　　我们认为当前世界混凝土的发展，裂缝是最大的问题，这个问题不解决的话，说提高质量和耐久性就是一句空话。现在裂缝已经成为各种混凝土结构最大的质量问题，严重影响耐久性和使用安全，要想把新机场的道面质量提高一个档次，达到世界一流，就必须在混凝土裂缝问题上所有进步和突破！所以，2015年春季开始，我们反复研究，总结我们30多年来解决裂缝问题的经验，以及我个人40年来混凝土的现场工程经验，另辟蹊径，从原材料开始，从水泥生产开始，从配合比开始，严格控制工程的各项施工工艺，用"蚂蚁啃骨头"的办法，在北京新机场取得了意想不到的成果。实现以上的目标，我们主要做了以下工作：

　　一、我们第一次把水泥生产纳入混凝土质量的控制体系，取得了惊人的效果。

　　我们反复总结了十几年来我们为解决裂缝付出的努力和失败的教训，以及其他专家学者所作出的贡献后，认为混凝土裂缝产生的原因十分复杂，其中最大的一部分原因是水泥生产造成了水泥自身收缩过大，水化热过高。经过反复讨论，我们得出来一个结论，我们过去失败的原因，主要是把水泥生产没有纳入混凝土质量管理体系，如果这一次还不改变思路，这次将肯定也是无功而返，所以说这次最重要的一个新思路就是对水泥生产进行控制，我们对金隅集团琉璃河水泥厂提出了十几项技术改进措施，琉璃河水泥厂为我们大兴国际机场专门生产的 P·O 42.5 水泥需水量低，水化热低，体积稳定性好，这是我们这次成功的关键。

　　二、我们实现了出现裂缝能够找到责任人或责任工序。

　　过去由于产生裂缝的原因非常复杂，当出现裂缝的时候，我们没有办法查到责任人或责任工序，这也是裂缝成了长期失控，法不责众的一种无可奈何的现象。在北京大兴国际机场，我们通过对每个原材料、每道工序层层把关，实现了出现问题直接能找到责任人，也就是说有问题可以直接到人，这是工程管理上最大的一次进步，为确保质量，发挥了重要的作用。

三、我们对外加剂和其他矿物掺合料都采取了更加灵活的措施，做到了尽量少掺或不掺。

由于矿粉收缩过大，我们本次在配合比设计，杜绝了矿粉，甚至对粉煤灰和外加剂都采取了更加灵活的措施，这些措施就是尽量不掺或少掺，这些措施都对减少混凝土的各种收缩起了至关重要的作用。让我们最感到兴奋的是，通过以上措施，我们终于看到了解决裂缝这一世界难题的曙光。我们在北京大兴国际机场大面积的道面施工中实现了无裂缝，并且在地下管廊和地下汽车通道上进行了试验性的无裂缝施工，都取得了成功。本书详细叙述了我们试验、研究、施工，一直到最后成功的各个环节和过程，我们认为：这对每一位正在想方设法解决裂缝的同行，都有重要的参考价值，这就是我们出版本书的目的所在。

特别让我们自豪的是，我们的这项技术很快得到了各行各业领导、专家和学者的关注。中国铁道科学研究院谢永江研究员和他的团队，多次到现场参观指导，并把我们这项技术引进到高铁八达岭地下火车站，取得了无裂缝施工的好成绩。北京市政高强混凝土李彦昌总工也多次到新机场参观指导，并用我们研制的水泥在北京后沙峪的地下管廊、大兴亦庄水处理厂施工中应用，都实现了无裂缝施工。在此，我们深表谢意。

另外，中国混凝土与水泥制品协会徐永模执行会长、师海霞副秘书长，中国砂石协会胡幼奕会长、宋少民副会长，清华大学廉慧珍教授、覃维祖教授等各行各业的许多领导和专家也多次亲临新机场指导，在此一并表示感谢。特别是2020年6月6日，由中国混凝土与水泥制品协会组织，来自全国不同行业和大专院校的专家教授，对我们这一技术进行了鉴定，专家一致鉴定结论为世界先进水平，这让我们备受鼓舞和鞭策。

不仅如此，这次北京大兴国际机场无裂缝施工的成功实现，让我们也打开了科技研发的新方向和新思路，特别是在疫情期间，我们抓住到外地出差受限制的空档，在北京用新的思路研究了混凝土缺陷无色差、同寿命、同强度、同抗渗的新的修补材料。目前在许多地方，不同的工程结构试验都取得了成功，除此之外，我们还研发了抗裂砂浆，根据目前初步的试验结果，其抗裂的性能比市场上的抗裂砂浆，抗裂性能高五到十倍！

毋庸赘言，总之，我们为自己能够参加这样一个跨世纪的工程的建设而自豪！我们的自豪在于：祖国在强大，单位在发展，个人才能进步，作为一名普通的工程技术人员，能够参加北京大兴国际机场建设，是我们难得的机遇，经过近五年的紧张施工，我们每个人不但用自己辛勤的汗水完成了自己的本职工作，还取得了许多让人不敢相信的科技成果，此时此刻，我们要歌唱祖国，歌唱这个伟大的时代！另外，我们还要感谢中国建材工业出版社责任编辑杨娜女士为这本书的出版所付出的辛勤劳动。

2021 年 1 月 28 日于北京

目　　录

第1章 工程概况

1.1 概　述

北京大兴国际机场（以下简称"新机场"）位于北京市大兴区榆垡镇与河北廊坊广阳区交界处，场址范围为京九铁路以东，永定河左堤路以北，廊涿高速、京台高速以西，礼贤镇大礼路以南。整个场地以榆垡镇南各庄村为中心，距北京市中心46km，距廊坊市中心26km，距涿州市中心37km。

新机场的选址工作始于1993年，2006年民航局启动了北京新机场选址论证工作。2008年《北京新机场选址报告》通过了国家发展改革委组织的专家评审会评审。2010年，民航局再次启动了《北京新机场预可研报告》的编制工作。2012年1月《北京新机场预可研报告》编制完成，上报国家审批。2012年12月国务院下发国函217号文《国务院、中央军委关于同意建设北京新机场的批复》。

北京新机场定位为综合大型国际枢纽机场，规划设计7条跑道，一期同时建设4条跑道，远期年旅客吞吐量预计1.3亿人次以上，货物运输能力550万吨以上，将成为世界第一大机场。为了保证远期年旅客吞吐量1亿人次以上、年起降架次84万架次的跑道需求，规划远期7条跑道，由民航统一调配使用。远期在南北主运行方向上规划5条平行跑道，其中4条为远距跑道；为最大限度地使用空域资源，在东北部规划2条侧向跑道，跑道方向与主跑道方向垂直。

北京新机场本期工程设计目标年为2025年，飞行区按照2025年飞行架次建设，航站区及配套设施按照满足年旅客量4500万人次、年货邮量150万吨配置各种设施，并做适当预留。

机场工程本期建设如下：

——新建4条跑道（三纵一横），其中东跑道3400m，其他跑道均为3800m；飞行区等级为4F；

——航站楼总建筑面积70万平方米，主楼、指廊可分别满足7200万人次和4500万人次使用需要；

——150个站坪机位（79个近机位、71个远机位及缓压机位）、24个货机位和14个维修机位；

——7.5万平方米的航空货运站、11.8万平方米的货运代理仓库（含7.4万平方米的国际海关监管仓库和4.4万平方米社会化的国内货代仓库），3.5万平方米货运综合配套用房；

——建设空防安保训练中心、综合管理用房、旅客过夜用房等辅助生产生活设施，以及场内综合交通、供水、供电、制冷、供热、供气、信息通信、消防救援、雨污水污物、绿化等配套设施和场外生活保障基地，总建筑面积约250万平方米。

1.2 场区气候

北京的气候为典型的暖温带半湿润大陆性季风气候。春季干旱，夏季炎热多雨，秋季天高气爽，冬季寒冷干燥；风向有明显的季节变化，冬季盛行西北风，夏季盛行东南风。

北京年平均气温 10～12℃。极端最低－27℃，极端最高 42℃以上。全年无霜期180～200 天，西部山区较短。年平均降雨量 600 多毫米，为华北地区降雨最多的地区之一，山前迎风坡可达 700mm 以上。降水季节分配很不均匀，全年降水的 80% 集中在夏季 6、7、8 三个月，7、8 月常有暴雨。北京及华北春季曾经多发沙尘暴，现在沙尘情况有所好转。

1.3 工程地质条件

1.3.1 地形地貌与地质构造

场地位于华北平原西北隅，燕山山脉和太行山山脉衔接部位，东经 116°02′～116°43′，北纬 39°26′～39°50′。华北平原区的构造主要表现为一系列北东向或北北东向与北西向的断裂构造（其中以北东向断裂构造为主）。这一构造格局在中生代晚期已基本形成。自中生代末期以来，平原区内又形成了北东向的西山迭坳褶、北京迭断陷、大兴迭凸起、大厂新断陷等隆凹相间的构造格局。

根据地质构造特征，按构造单元划分，场地位于中朝准地台（Ⅰ级构造单元）、华北断坳（Ⅱ级构造单元）、固安—武清新断陷（Ⅲ级构造单元）之固安新凹陷内，北与大兴迭凸起、大厂新断陷相邻，基底主要由中上元古界及古生界地层组成。

1.3.2 地层结构

北京新机场场区地表以下 20m 深度范围内的地层，表层为人工填土层，其下为新近沉积层及一般第四纪沉积层，岩性以粉土、黏性土及沙土为主，从上至下分别描述如下：

1. 人工填土层（Qml）

沙质粉土素填土①层：黄褐色，松散～稍密，稍湿，主要以沙质粉土为主，局部为黏质粉土素填土，含少量混凝土块、砖渣、灰渣等杂质。

杂填土①1 层：杂色，松散～稍密，稍湿，以建筑垃圾为主，含有砖块、碎石及混凝土碎块等，夹少量黏性土。

2. 新近沉积层

沙质粉土②层：褐黄色，中密，稍湿，含云母，氧化铁，夹黏质粉土、粉细沙、粉质黏土及黏土。

黏质粉土②1 层：褐黄色，中密，稍湿～湿，含云母、氧化铁，夹黏质粉土、粉质黏土及黏土。

粉细沙②2 层：褐黄色，中密，稍湿～湿，沙质较纯，矿物成分以云母、石英、长石为主，局部夹有沙质粉土、黏质粉土薄层。

粉质黏土②3层：褐黄色，湿～很湿，可塑，土质不均，含氧化铁，局部夹黏土。

黏土②4层：褐黄色，湿～很湿，可塑，土质不均，含氧化铁，局部含粉质黏土薄层。

沙质粉土②5层（液化层）：褐黄色，中密，湿，含云母，氧化铁，局部夹黏质粉土薄层。

黏质粉土②6层（液化层）：褐黄色，中密，湿，含云母、氧化铁，局部夹沙质粉土薄层。

粉细沙②7层（液化层）：褐黄色，稍密，稍湿～湿，沙质较纯，矿物成分以云母、石英、长石为主，局部夹有沙质粉土薄层。

3. 第四纪沉积层（Qal+pl）

沙质粉土③层：褐灰色～灰色，中密～密实，稍湿～湿，含云母、氧化铁及少量有机质，夹黏质粉土、粉细沙、粉质黏土及黏土。

黏质粉土③1层：褐灰色～灰色，中密～密实，稍湿～湿，含云母、氧化铁及少量有机质，夹沙质粉土、粉细沙、粉质黏土及黏土。

粉细沙③2层：褐灰色～灰色，中密～密实，稍湿～湿，沙质较纯，矿物成分以云母、石英、长石为主，局部夹沙质粉土及黏质粉土薄层。

粉质黏土③3层：褐灰色～灰色，稍湿～湿，可塑，含氧化铁及少量有机质，局部夹黏土、黏质粉土及沙质粉土薄层。

黏土③4层：褐灰色～灰色，湿～很湿，软塑～可塑，含氧化铁及少量有机质，局部夹重粉质黏土、黏质粉土薄层。

泥炭质土③5层：灰褐色～灰黑色，湿～很湿，软塑～可塑，含氧化铁，含有有机质。

粉质黏土④层：褐黄色，湿～很湿，可塑，含氧化铁，夹黏质粉土、沙质粉土及黏土。

黏质粉土④1层：褐黄色，稍密～中密，稍湿～湿，含云母、氧化铁，局部夹沙质粉土薄层。

粉细沙④2层：褐黄色，中密～密实，湿，沙质较纯，矿物成分以云母、石英、长石为主，局部夹沙质粉土薄层。

沙质粉土④3层：褐黄色，密实，湿，含云母、氧化铁。

黏土④4层：褐黄色，湿～很湿，可塑～硬塑，含云母、氧化铁及少量姜石，局部含重粉质黏土薄层。

粉细沙⑤层：褐黄色，密实，饱和，砂质纯净，矿物成分以云母、石英、长石为主。

1.3.3　水文地质条件

北京新机场工程场地地表水系主要为新天堂河及灌溉水渠，新天堂河是由原天堂河改道而成。天堂河原龙河的一条支流，发源于永定河畔北天堂及立垡村一带。河道流向基本上平行于永定河，在南各庄附近流入河北省廊坊市安次区境内，在小五龙村东与龙河汇流。区域地下水系主要分为三个区域水流系统：潮白—蓟运—温榆河地下水系统（Ⅰ）、永定河地下水系统（Ⅱ）及大石河—拒马河地下水系统（Ⅲ）。永定河地下水系统（Ⅱ）根据含水介质类型、含水介质空间及地下水流特征又划分为基岩裂隙水地下水子系统（Ⅱ1）、岩溶水地下水子系统（Ⅱ2）和第四系松散孔隙水地下水子系统（Ⅱ3）。

场区水系属于永定河水系。从场区内穿过的有天堂河、新天堂河及其支流中堡二干渠、永北干渠，永定河从场地南侧流经。勘察期间新天堂河已断流，仅在拦河坝附近及低洼地段有蓄水，一般水深 1.0m 左右，部分干涸地段河床及河底种植有农作物。

勘察钻探深度（20.0m）范围内观测到两层地下水，具体水位观测情况详见表 1-1。

表 1-1　地下水位观测情况

地下水类型	初见水位埋深（m）	初见水位标高（m）	稳定水位埋深（m）	稳定水位标高（m）
上层滞水	6.0～13.6	8.90～18.75	未见	未见
层间水	16.5～19.4	2.11～6.22	16.0～19.0	2.61～6.82

第一层地下水为上层滞水，勘察期间仅个别钻孔中饱和状态下的沙土、粉土有揭露，水量较小，无成层稳定水位；灌溉及大气降水为主要补给方式，以蒸发为主要排泄方式。

第二层地下水埋藏较深，少数钻孔揭露，地下水类型为层间水，大气降水和地下径流为主要补给方式，以蒸发和地下径流为主要排泄方式。

根据区域地质资料及附近水文观测孔资料，场地历年最高水位接近自然地表，近 5 年最高地下水位绝对标高在 7.0m 左右（不含上层滞水），年水位变化幅度为 1.0～2.0m。

场地内土、地下水、地表水对混凝土结构及钢筋混凝土结构中的钢筋具有微、弱腐蚀性。

1.3.4　场地地震效应评价

按《北京新机场工程场地地震安全性评价报告》中提供的地表水平向峰值加速度和反应谱参数；根据《建筑抗震设计规范》（GB 50011—2010）第 2.1.6 条、第 3.2.2 条和附录 A 判定，设计基本地震加速度按 50 年设计基准期超越概率 10% 的地震加速度的设计取值，因此本场地设计基本地震及速度为 0.20g，抗震设防烈度为 8 度，设计地震分组为第一组。

根据详细勘察钻孔剪切波速测试成果，本场地地表以下 20m 深度内土层的等效剪切波速 $203\text{m/s} \leqslant V_{se} \leqslant 244\text{m/s}$；依据区域资料，拟建场地覆盖层厚度大于 50m，依据《建筑抗震设计规范》（GB 50011—2010）第 4.1.6 条判定，拟建场地的建筑场地类别为Ⅲ类。

根据详细勘察报告，场地内新近沉积的沙质粉土②5 层、黏质粉土②6 层及粉细沙②7 层为液化土层，液化等级为轻微，局部地段为中等。结合地形、地貌综合考虑，由于液化土层存在，西飞行区、北飞行区和中央区为抗震不利地段，东飞行区为抗震一般地段。

1.4　主要岩土工程问题

根据区域资料，拟建场地位于大兴榆垡—礼贤沉降区，该沉降区是北京市目前沉降面积最大、沉降速率最快的沉降区。进入 20 世纪 90 年代以来，由于永定河断流、地表水资源枯竭，人们大量开采地下水，地下水严重超采，导致地下水位大幅下降，形成降落漏斗。具体详见地质灾害专项评估报告，本次地基处理不针对该问题。

从全场来说，对建设工程有影响的岩土工程问题主要包括以下方面。

1.4.1　沟河坑塘

场内沟河坑塘约 100 个，大部分干涸。其回填土与周边地基土易产生差异沉降。

1.4.2　地基土液化

根据详细勘察，当地下水接近自然地面时，场地内新近沉积沙质粉土②5 层、黏质粉土②6 层及粉细沙②7 层为液化土层，液化土层埋深一般为 2.0～5.0m，局部埋深为 7.5～9.5m，液化等级为轻微～中等。

1.4.3　特殊性岩土

场地内特殊性岩土包括人工填土和新近沉积土。人工填土层主要岩性为沙质粉土素填土①层及杂填土①1 层，新近沉积土标贯击数较小，地基反应模量较低。

新天堂河堤坝及新北堤堤坝填筑材料为黏质粉土素填土（局部地段为沙质粉土素填土），根据钻探及室内试验成果，其厚度较均匀，局部含有砖块、树根等杂质，清理后作为大面积回填材料使用。该层土由于堆填时间短，且土质不均、成分复杂、物理力学性质较差，标贯击数标准值为 8.5～10.6，承载力建议标准值为 65kPa，不宜作为天然地基持力层。

详细勘察对浅层新近沉积土共进行了 6 组地基反应模量试验，地基反应模量值为 21.62～37.56MN/m³。

1.5　道面工程设计

1.5.1　道面平面布置及尺寸

按照飞行区总平面规划方案，北京新机场本期工程建设 4 条跑道。东跑道、北跑道和西一跑道按照 F 类标准建设；西二跑道按照 E 类标准建设。

本期工程飞行区共修建 4 条跑道，东飞行区修建 1 条跑道和 1 条侧向跑道，西飞行区修建两条中距跑道；飞行区共修建 8 条平行滑行道、20 条快速出口滑行道及联络滑行道和机坪，主要尺寸见表 1-2。

表 1-2 飞行区道面主要尺寸一览表

项　目	尺寸（m）	项　目	尺寸（m）
东跑道长度×宽度	3400×60	F 类滑行道直线段道面宽度	25
东跑道道肩宽度	7.5	F 滑行道道肩宽度	17.5
东跑道总宽度	75	F 滑行道直线段总宽度	60
东跑道防吹坪长度×宽度	120×75	E 类滑行道直线段道面宽度	23
西一跑道长度×宽度	3800×60	E 滑行道道肩宽度	10.5
西一跑道道肩宽度	7.5	E 滑行道直线段总宽度	44
西一跑道总宽度	75	D 类滑行道直线段道面宽度	23
西一跑道防吹坪长度×宽度	120×75	D 滑行道道肩宽度	7.5
西二跑道长度×宽度	3800×45	D 滑行道直线段总宽度	38
西二跑道道肩宽度	7.5	机位滑行通道宽度	根据设计使用机型确定
西二跑道总宽度	60	快速出口滑行道	F 类：25
西二跑道防吹坪长度×宽度	120×60		E 类：23
北跑道长度×宽度	3800×60		
北跑道道肩宽度	7.5	机坪上特种服务车道宽度	16
北跑道总宽度	75	服务车主干道宽度	8
北跑道防吹坪长度×宽度	120×75（西端）	路肩宽度	0.3

1.5.2 道面结构层

1.5.2.1 道面选型

机场道面一般采用水泥混凝土或沥青混凝土结构。水泥混凝土道面的主要优点是：通常情况下（土基无显著不均匀沉降时）耐久性好，使用寿命较长；刚度大，强度高，整体性好；抗侵蚀能力强，养护工作量小；对原材料的要求较低。沥青混凝土道面的主要优点是：道面无接缝，飞机滑跑舒适；对土基不均匀沉降和超载的适应性较好；便于加盖和整修，施工期短。

作为大型国际枢纽机场，北京新机场建成运行以后将异常繁忙。道面的频繁养护或维修肯定会对机场航班的正常运行产生极大的影响。勘察资料显示新机场场区范围内以粉土、黏性土及沙土为主，土基强度一般（地基反应模量 k 约为 30MN/m³），采用沥青混凝土道面需要设置较厚的基层。北京地区夏季炎热、冬季寒冷，温差较大，这样的气候特点也不利于修建沥青混凝土道面。

由于道面设计中充分考虑各种可能使用的机型最不利的组合，运行中出现超载的概率大大降低，沥青混凝土道面对超载适应性的优势不明显；勘察资料显示场地地基地层在水平向分布较均匀，成层性较好，土基不易出现不均匀沉降，沥青混凝土道面对不均匀沉降的适应性优势不明显；由于北京新机场属于新建项目，道面施工工期与航站楼相比较为充裕，沥青混凝土道面施工工期短的优势也不明显。

综上所述，水泥混凝土道面在技术性能上更加能够适应北京新机场的运行要求、土基条件以及气候特点。因此，北京新机场飞行区道面采用水泥混凝土结构。

1.5.2.2 道面结构

道面、道肩采用水泥混凝土结构，道面、道肩面层水泥混凝土板设计 28d 弯拉强度分别为 5.0MPa、4.5MPa。

根据《民用机场水泥混凝土道面设计规范》（MH/T 5004—2010）计算、参考国内同类机场的设计成果及经验，并采用道面设计程序进行复核来确定不同部位的水泥混凝土道面板厚度。

F 类、E 类飞机主要设计机型为 A380、B747-400、A340-600、B777-300，D 类飞机主要设计机型为 B767-300、A300-600，C 类飞机主要设计机型为 B737-800、A321-200。

计算确定主要水泥混凝土道面板厚度见表 1-3。

表 1-3　不同部位水泥混凝土道面板厚度表

部　位	道面板厚度（cm）
北跑道西端 1000m 以及与之相接的平行滑行道的部分	44
东跑道端部、西一跑道端部及西二跑道端部（每端 800m）	42
北跑道其余部分	40
东跑道中部、西一跑道中部、西二跑道中部	38
平行滑行道及联络滑行道	42
快速出口滑行道	38
F、E 类机位机坪及 F、E 类机位除冰坪	42
C、D 类机位机坪及 D、C 类机位除冰坪	38
货机坪	42
维修机坪	36
公务机坪	30
道肩	14
防吹坪	24

道面板下设两层 20cm 厚水泥碎石半刚性基础，道肩水泥混凝土面板下设 16cm 厚水泥碎石半刚性基础，防吹坪混凝土板下设 20cm 厚水泥碎石半刚性基础。水泥碎石基层设计 7d 浸水抗压强度为 4.0MPa，水泥碎石底基层设计 7d 浸水抗压强度为 2.5MPa。

跑道、除冰坪道面的隔离层采用 MS-3 型微表处，其余道面隔离层采用复合土工膜或土工布。除冰坪道面需要进行硅烷浸渍防腐处理，以减轻除冰液对道面的损害。

服务车道采用沥青混凝土结构，面层设计为两层，上面层为 5cm 厚 AC-13（SBS 改性）沥青混凝土，下面层为 8cm 厚 AC-25 沥青混凝土。基层结构为两层 20cm 厚水泥碎石。在基层上设置防裂土工布及 1～2cm 厚 AC-5 应力吸收层。

鉴于场区位于北方冰冻地区并且地基为粉土不易压实，各种类型的道面下均设置一层 30cm 厚垫层。防冻垫层的材料应采用山皮石，辅助地基压实的垫层材料可采用山皮石或水泥土。

为了确保飞行安全，保证飞行区场务、灯光、导航、消防、公安等部门的维护、值勤、巡逻、应急救援及机坪地面服务等工作的需要，在飞行区内修建围场路。

围场路拟采用水泥混凝土路面结构，宽 3.5m，每隔 400m 设一处错车道。围场路面层厚度为 20cm，基层采用一层 20cm 厚水泥碎石，垫层为 30cm 厚山皮石。

1.5.3　道面接缝

跑道中部五条纵向施工缝采用传力杆平缝，其余道面纵向施工缝采用企口缝。滑行道中部三条纵向企口缝加拉杆。道面横缝采用假缝，道面横向施工缝采用传力杆平缝。

东跑道、西二跑道、北跑道的起飞滑跑端以及西一跑道的全部水泥混凝土道面假缝、道面自由边附近的三条假缝以及紧邻道面胀缝的三条假缝需加传力杆。

道面与排水明沟相接处、垂直联络道与下穿通道相接处需要设置胀缝。

为防止高温季节道面板间相互作用而造成道面板损坏，在北跑道西侧、东跑道/公务机坪间、东西联络滑行道两侧、西一跑道/站坪及除冰坪间、西一跑道/西二跑道间、西二跑道/维修机坪间等区域的道面设置若干处后浇带。后浇带道面板应在本标段其他道面面层施工完成并且至少经过一个夏季后方可浇筑。后浇带的道面板两侧设置胀缝的同时需设置水泥混凝土垫板。

道肩纵缝采用假缝或纵向施工平缝，横缝采用假缝，原则上每隔 10m 设一道 2cm 厚胀缝。

胀缝材料均采用低发泡聚乙烯闭孔塑料泡沫板。

东跑道、西一跑道接缝材料采用预成型道面密封材料，其余跑道以及滑行道接缝灌缝材料采用硅酮，机坪道面以及所有道肩接缝灌缝采用改性聚硫。

道面的主要分块尺寸为 5m×5m、5m×4.5m、5m×4.0m，道肩的主要分块尺寸为 2.5m×2.5m。

1.5.4　道面补强

道面中线灯灯坑所在的道面板采用孔口钢筋补强。

排水暗沟、供油管线、给水管线、污水管线、中水管线、综合管廊、地下穿越道等上部的道面板及道面胀缝两侧的道面板采用双层钢筋网补强。

在纵缝变换方向处、道面胀缝两侧的道面板及与规划道面相接处的道面板板边采用单侧平缝加筋对道面板进行补强。

在后浇带的道面胀缝下设有水泥混凝土垫板，强度与道面水泥混凝土相同，并设双层钢筋网补强。

1.5.5　道面标志

按有关标准的规定，在道面上画跑道标志、飞机滑行及引导标志线。站坪按不同机型运行的要求，绘制飞机机位滑行线、机位安全线、翼尖净距线、飞机停止线等各类标志，及按照运行要求必需的相关道面标志。

1.5.6　道面刻槽及拉毛

跑道、快速出口滑行道直线段水泥混凝土道面先拉毛（平均纹理深度不小于 0.6mm），再刻槽。其他水泥混凝土道面及围场路表面平均纹理深度要求不得小于 0.4mm。水泥混凝土道肩面层适当拉毛即可，但应做到均匀和美观。

第 2 章　质量目标

2.1　精品工程

1. 核心内涵

将世界一流的先进建设技术与传统的工匠精神相结合，通过科学组织、精心设计、精细施工、群策群力，最终达到内在品质和使用功能相得益彰、完美结合的高品质工程。

2. 基本特征

品质一流：采用比现行有效的规范、标准和工艺设计中更严的要求进行全过程工程建设，核心指标优于同类型建筑。

社会认可：争创国家工程优质工程奖、科技进步奖、建筑工程鲁班奖、土木工程詹天佑奖等综合奖或单项奖，获得第三方认可或社会广泛赞誉。

3. 关键性指标

创新型、具有世界一流水准的机场规划设计方案。

工程质量达到国际先进水平，一次验收合格率达到100％。

场区100％推行绿色文明施工，获省（部）级绿色或文明施工奖励。

取得6项以上具有较高推广应用价值的施工新技术。

创新施工工艺，取得5项以上省（部）级以上新工法或发明专利、实用新型技术专利。

打造国家级科技示范工程。

2.2　样板工程

1. 核心内涵

样板工程是在某一领域取得领先，或率先使用新产品、新技术、新工艺，取得突出经济效益、社会效益或环境效益，达到引领行业发展，可作为其他工程效仿或建设标杆的工程。

2. 基本特征

理论与技术领先：在绿色机场、海绵机场、城市设计等建设新理念方面率先垂范，在数字化施工、智慧机场等新技术应用方面做到行业领先。

用户有口皆碑：打造空地一体化综合交通枢纽、人本化样板工程，在公共交通便捷性、换乘效率、公共交通保障比例、步行距离及旅客服务设施等方面达到世界一流水平，打造全新标杆。

3. 关键性指标

（1）绿色机场样板

创新跑道构型设计，引领国内飞行区设计新方向。

打造首个获得绿色建筑三星级、节能建筑3A级的航站楼样板。

实现绿色建筑100%，可再生能源利用10%、空侧通用清洁能源车比率100%、特种车辆清洁能源车比率力争20%等领先性指标。

（2）空地一体化综合交通枢纽样板

打造集高铁、地铁、城铁等多种交通于一体的综合交通换乘中心，大容量公共交通与航站楼无缝衔接，换乘效率国内领先、世界一流。

大容量公共交通保障能力50%以上，其中轨道交通30%以上。

（3）人本化机场样板

航站楼中心到最远端登机口步行距离不超过600m，优于世界同等规模机场航站楼。

具有国际竞争力的旅客中转时间，4项中转时间均居于世界前列。

首件进港行李13分钟内达到，优于国际大型机场优质服务水平。

全面满足2022年冬奥会和残奥会关于无障碍和人性化设施的要求。

（4）生态建设样板

海绵机场试点示范，实现雨、污分离率100%，处理率100%；非传统水源利用率30%。

垃圾分类及无害化处理率100%。

航空器除冰液收集及预处理率100%。

（5）智慧机场样板

首次全面应用云计算、大数据技术，搭建基础云平台和智能分析平台。

践行"互联网＋机场"理念，广泛开发各类应用，提升服务质量、旅客体验以及商业资源价值。

（6）机场建设信息化样板

国内首次实现飞行区数字化施工与质量管理信息化。

国内首次实现航站楼大规模应用BIM设计与施工技术。

（7）街区式城市设计样板

工作区的核心区采用全开放式街区设计，地块大小不超过2公顷。

第3章　当前我国飞行区工程存在的质量问题

世界民航机场的安全性要求远高于其他行业，尤其以机场跑道安全性要求更高。所以，世界上大多数机场都选择以混凝土跑道为主，沥青混凝土为辅的模式。在我国，除非有特殊原因，如高填方下沉，土石方填挖交界处下沉不均匀等问题，一般的新建机场都选择混凝土跑道。当混凝土跑道到达使用寿命及技术标准不能满足飞行安全的要求时（由于机场不能关闭，跑道每天都得使用，且混凝土施工需要一个较长的周期），一般机场都采用在混凝土跑道上面加铺一层沥青变成沥青道面。当前我国的飞机跑道，主要以混凝土为主。

也是由于以上原因，北京新机场本次建设的四条跑道及飞行区其他道面，全部采用混凝土面层结构。

对民航机场飞行区工程来说，混凝土跑道也存在着许多技术难题，目前还没有很好的解决方法。这些问题或影响使用寿命或影响飞行安全，主要有以下几个方面。

3.1　耐久性要求

民航设计对飞行区混凝土道面的使用寿命要求一般为20年。近些年来，就全国各个机场的实际使用情况来看，很难能达到20年的安全使用要求，一般都是15年左右。所以，如何提高混凝土道面的使用寿命仍然是一个很大的技术难题。

3.2　裂缝问题仍然很难根治

现代混凝土裂缝的产生原因牵涉方方面面复杂的因素，我们总结原因有23条之多，主要原因如下：

（1）设计上许多梁、板结构的长度长、面积大、超静定结构多

上述结构形式越来越多，结构在荷载作用下，内部应力、应变更大，从而导致裂缝更容易产生。

（2）设计上钢筋用量越来越大，排布越来越密

过密的钢筋排布，使混凝土用常规的振捣棒无法插振，不得不采用大坍落度混凝土，这些都会使混凝土的体积稳定性变差，抗拉强度变小，裂缝产生的概率变大。

（3）高强度等级混凝土的普通使用

从C40到C80及其以上强度等级混凝土被广泛应用，强度等级高必然收缩大，产生裂缝。

（4）水泥的细度越来越细，3d 强度越来越高

水泥实行新标准后，特别是 3d 强度提高过大，使混凝土水化热集中，产生裂缝的可能性增大。

（5）施工中泵送混凝土越来越普遍

泵送混凝土使混凝土坍落度大，施工单位在做混凝土配比时不得不减少粗骨料的用量，增加细骨料和水泥的用量，这样就增加了裂缝产生的机会。

（6）水泥细度过细

以 P·O 42.5 水泥为例，我国大部分生产厂生产的水泥比表面积在 $350m^2/kg$ 以上，也有一些厂甚至到 $400m^2/kg$ 以上，这也是导致裂缝的原因之一。

（7）水泥中 C_3A 的含量高

水泥中过高的 C_3A 含量，其凝结时间短，容易出现裂缝。

（8）水泥的颗粒级配不合理

有些水泥厂的水泥颗粒分布过于集中，$50\mu m$ 以上的颗粒几乎没有。

（9）混凝土中粗骨料的用量少

板梁结构中，钢筋密集，为了增加坍落度，施工单位只好将粗骨料的用量降到最低。

（10）水泥用量

水泥用量大也是裂缝产生的重要原因。

（11）水泥中 C_3S 的含量过高

水泥中 C_3S 的含量过高，水泥水化时放热量就会过大，我国水泥的 C_3S 含量一般在 55% 左右，但也有一些厂达到 60% 以上。

（12）现代水泥生产的某些工艺不适应机场

在现代水泥生产中，个别生产工艺对混凝土裂缝的产生有重要影响。比如高效选粉机和闭路磨，使水泥颗粒变得更细，级配也过于集中，助磨剂的使用等也使细度变细。

（13）水灰比过大

水灰比过大，混凝土表面的抗拉强度变差，就容易出现收缩裂缝。

（14）水泥品种不合适

许多水泥由于混合材掺量过高，为了提高其 28d 强度，厂家一般将其磨得更细。这就容易使混凝土产生收缩裂缝。

（15）水泥强度等级过高

过高的水泥强度等级使混凝土的水化热集中，终凝时间缩短，裂缝产生的可能性增大。

（16）混凝土配合比选用不当

配合比选用不当也容易使混凝土产生裂缝。

（17）配合比中的细粉掺合料掺用不当

现在的高强度等级混凝土许多都采用"双掺"技术，但如果掺用不当也容易使混凝土产生裂缝。

（18）外加剂增加

我国实行水泥新标准后，水泥和外加剂的适应性变差。掺有外加剂的混凝土，假凝、裂缝等现象时有发生。

（19）施工现场的空气相对湿度低

在我国西北干旱地区，由于空气相对湿度较低，使混凝土表面蒸发速度过快，容易产生塑性收缩裂缝。

（20）施工现场的风速过大

施工现场的风速过大时，混凝土表面由于失水过快很容易产生塑性开裂。

（21）施工现场环境温差过大

施工现场的环境温差过大，日间高温时浇筑的混凝土在夜间低温养护时就容易因温度的作用产生应力裂缝。

（22）振捣工艺不合理

欠振和过振都是混凝土产生裂缝的原因。

（23）养护不及时不到位

养护不及时、不到位也容易产生裂缝。

从设计、施工工艺到混凝土的原材料及配比、养护，以及气候环境等方面来看，都可使混凝土产生裂缝，所以，解决裂缝问题是一个庞大、系统的工程。

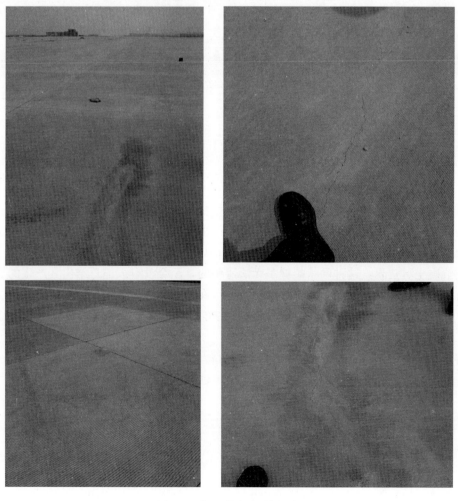

图 3-1　产生裂缝的混凝土板

虽然民航飞行区道面采用的是干硬性混凝土，工程技术上也想了许多办法，采取了很多措施，解决了大量的裂缝问题，但还是很难彻底解决裂缝问题。

在民航飞行技术手册里，有一条非常严格的规定，混凝土道面裂缝是不允许的，但实际工程施工中很难做到，一般会采用发生裂缝就要清除的办法，对广大民航的工程技术人员来说，防止混凝土裂缝仍然是一个巨大的技术难题。

产生裂缝的混凝土板如图 3-1 所示，已经产生裂缝的混凝土板的清除如图 3-2 所示。

图 3-2　正在清除已经产生裂缝的混凝土板

3.3　网状裂缝产生原因和处理方法

干缩是混凝土的基本性质之一，暴露在空气中或干燥受热环境中的混凝土结构，经过一定时间后，就会出现程度不同的干缩裂缝。一般情况下，干缩裂缝表现为一种浅显的、界于肉眼可见与不可见之间的裂缝，甚至需要用水浇湿混凝土表面才能看见。其深度一般在 1mm 以内，形状无规律性，像渔网一样，所以也有人称它为网状裂缝。

在混凝土科技界，这种网状裂缝是无法避免的，至今没有人能总结出其产生的原因并提出解决方案，在民航机场，这种裂缝是普遍存在的，至今也仍然找不到解决的办法，如图 3-3 所示。我们经过多年的研究发现，这些网状裂缝对飞行区混凝土板的耐久性影响极大。

特别是在北方多风干旱地区，这些裂缝不断发展，直接影响耐久性（图 3-4）。

我们经研究发现，产生网状裂缝的主要原因如下：

（1）风速的作用

在风的作用下，水泥水化物中的结合水散失，风速越大，干缩裂缝就越严重。

（2）温度的影响

环境的温度越高，分子运动的速度就越快，干缩裂缝的问题就会越严重。

（3）湿度的影响

环境的湿度越低，分子运动的速度就越快。干缩裂缝的问题就会越严重。

图 3-3　民航机场混凝土面板上普遍存在的网状裂缝

（4）水灰比的影响

水灰比越大，混凝土表面干缩裂缝就会越严重。

（5）减水剂的影响

减水剂的增加，加速了干缩裂缝的产生和严重性。

（6）水泥自身的影响

水泥过高的比表面积、助磨剂和过高的铝酸盐含量、过大的混合材掺量增大混凝土的干缩。

（7）混凝土表面砂浆厚度的影响

砂浆是水泥浆体较集中的地方。所以，砂浆越厚产生收缩的应力就越大，干缩裂缝的问题就越严重。

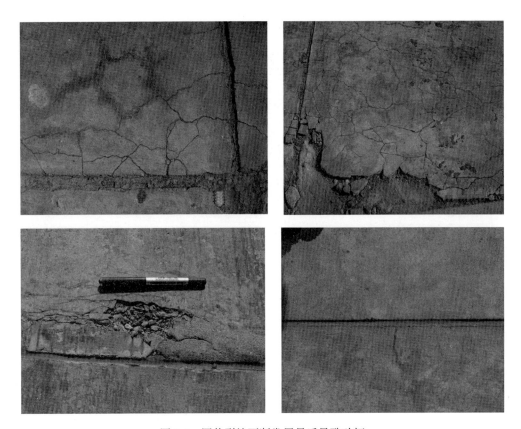

图 3-4　网状裂缝不断发展最后导致破坏

3.4　北方地区的抗冻问题

抗冻问题是寒冷地区混凝土工程能否正常使用并保证其耐久性的关键。在民航机场，经过广大工程技术人员的努力，这一问题基本得到了解决，但在个别北方地区机场，冻融破坏仍然时有发生（图 3-5），这主要是在施工工艺控制中存在问题。

我们认为解决抗冻问题从技术上主要把握好以下几个方面：

（1）搅拌时间不足对抗冻能力的影响是致命的。

（2）水灰比。水灰比偏大会造成抗冻能力大幅度降低。

（3）水泥品质。降低 C_3A 含量，提高 C_2S 含量，能大幅度提高抗冻能力。

（4）抹灰遍数。增加抹灰遍数对提高抗冻能力非常重要。

（5）加入引气剂，增加含气量，可以提高半干硬性和塑性混凝土的抗冻能力。

（6）控制细骨料的含泥量。含泥量大的细骨料，使抗冻融循环次数降低。

（7）坡度。我们通过 2007 年对我国民航北方机场 13 个发生过冻融破坏的混凝土道面进行的调查发现，这些破坏全部发生在停靠飞机站坪或停机坪，而在同等条件下的飞机跑道却没有发生破坏。经研究认为：主要造成上述问题的原因是站坪或停机坪坡度较小和面积过大，造成排水不畅（民航规范规定：站坪和停机坪的坡度一般不大于 0.5%，跑道的横坡不大于 1%。坡度大，排水顺畅的道面，在同等条件下，外界的水进入混凝土内部的

图 3-5　产生冻融破坏的机场道面

难度就大，发生冻融破坏的可能性就变小。所以，在可能的情况下，加大工程的排水坡度，使之排水速度相对加快，也是一个减少冻融破坏的好方法。

总之，以上问题是我国当前民航机场混凝土工程中最大的技术难题。经过多年的摸索总结，抗冻问题已经基本解决，裂缝和网状裂缝依然很难解决或者说无法解决。

根据北京新机场建设指挥部所确定的质量目标，我们必须在本机场混凝土工程中对这四个方面的技术难题进行创新攻关，以使工程达到世界一流水平。

第4章 原材料调研

4.1 调研背景

4.1.1 调研必要性

对于北京新机场的建设而言，飞行区工程原材料调研是工程开工前期一项非常重要的工作，直接影响后期原材料采购与供应、工程质量控制、工程造价等多个环节。做好原材料调研工作能够给新机场建设指挥部的决策提供参考依据，对保障和提高工程质量起到至关重要的作用；而且能够为工程造价的科学提供重要的信息。因此，如何确保在北京新机场建设工期内水泥、砂、石、沥青等重要原材料保质保量地稳定供应是工程建设前期迫切要需解决的关键问题，必须先期对原材料进行调研。

1. 保证飞行区道面原材料质量控制

新机场本期新建约 960 万平方米的混凝土道面，浇筑混凝土超过 900 万立方米，作为主要的原材料，水泥、砂、石、钢材的需求量巨大。因此，不仅需要切实保障原材料稳定的产量供应，同时，原材料品质的优劣也直接影响工程质量的好坏。在这样的背景下，如何确保原材料的质量稳定并进行质量控制是本项目调研工作的重中之重；根据指挥部的要求和开展工作的需要，本项目对北京新机场周边 50～300km 半径范围内各种料源及其工程性能进行了调研，以确保周边料源提供的原材料能够满足民航相关规范的要求以及飞行区道面建设的需要。

2. 控制原材料工程造价、保证供给

针对飞行区道面建设原材料使用量巨大、建设期内用料集中的特点，必须先期对新机场周边原材料供应量与产能进行综合调研，确保工程建设期间原材料的平稳供应，避免工期内因原材料短缺而造成原材价格的巨大波动，从而将原材料工程造价控制在合理的范围内。

4.1.2 原材料用量

新机场一期建设四条跑道，水泥混凝土用量约为 910 万立方米，所需建设原材料数量十分可观。初步估算，新机场飞行区工程建设使用强度 42.5 级水泥约为 120 万吨、32.5 级水泥约为 44.5 万吨、天然沙约为 206.5 万吨、碎石大约为 1089.6 万吨、石屑大约为 216.9 万吨、山皮石大约为 526.5 万吨。

4.2　第一次原材料调研

4.2.1　调研阶段

按照新机场指挥部对原材料调研工作的部署，从 2012 年 7 月开始，我们对北京周边原材料进行了第一次调研，基本摸清了北京周边原材料的生产情况，调研分为以下四个工作阶段：

第一阶段政府相关部门调研；

第二阶段原材料现场调研与选型，有针对性地选择调研对象；

第三阶段原材料试验检测分析；

第四阶段数据整理和编制调研报告。

各阶段时间节点控制如图 4-1 所示，具体阶段工作内容如下：

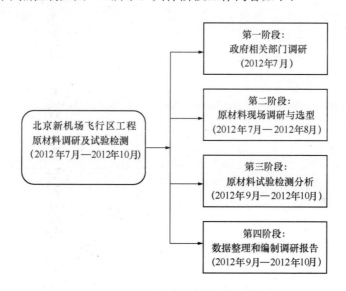

图 4-1　原材料调研及试验检测阶段分布图

1. 第一阶段：政府相关部门调研

在这一阶段，我们分别与北京市、唐山市、廊坊市、保定市、张家口市国土资源局和水务局及各辖区县市局就碎石、河沙开采资质情况进行调研，掌握了具有资质企业开采量、储量、材质、联系人、联系方式等情况，并联系企业确定其相关信息，为下一步工作做好准备。

2. 第二阶段：原材料现场调研与选型

在第一阶段工作的基础上，我们有针对性地走访北京周边地区的水泥、砂、石供应企业，深入了解各企业生产规模、产量、储量、规格、运输条件、出场价格及到场价格等信息，现场考察获取第一手资料。同时采用现场取样和厂家送样的方式完成样品收集工作；为下一步试验检测做好储备。

3. 第三阶段：原材料试验检测分析

外围调研结束后对各原材料生产厂家来样进行相关技术指标试验检测，原材料常规检测项目如下：

（1）水泥

细度、标准稠度用水量、凝结时间、安定性、胶沙流动度、强度等。

（2）碎石（粗、细骨料）

碱活性检验、粒径、颗粒级配、压碎指标值、泥土含量、针片状颗粒含量、视密度、吸水率、坚固性、软石含量、砂当量等。

（3）砂子

颗粒分析、含泥量、泥块含量、表观密度、堆积密度、碱活性指标。

（4）钢筋

屈服点、抗拉强度、伸长率、弯心直径、角度等。

（5）沥青

针入度、软化点、延度、密度、闪点、溶解度、蜡含量、老化后质量损失、残留针入度、老化后延度、针入度比等。

4. 第四阶段：数据整理和编制调研报告

本阶段对各种原材料试验数据进行分析整理，并编制完成调研报告。

4.2.2 调研情况

4.2.2.1 水泥

北京周边大型水泥厂主要有北京金隅集团有限责任公司和唐山冀东水泥股份有限公司。故本项目由新机场指挥部飞行区工程部、设计院、试验检测三家单位联合组队对金隅集团天津振兴水泥厂、唐山冀东水泥股份有限公司唐山分公司、金隅集团北京金隅琉璃河水泥厂等生产企业进行了深入调研。

调研组对水泥生产企业提出了针对机场道面使用水泥的要求并探讨了如何生产出更符合机场道面的水泥产品、如何提高水泥道面的耐久性和抗磨性；水泥生产企业就目前生产的能够接近机场道面要求的水泥品种做了介绍：普通硅酸盐水泥（普通水泥）价格较低但个别指标不能满足要求，道路硅酸盐水泥性能满足要求但价格比较高，最后，一致认为在普通硅酸盐水泥的基础上调整方案使熟料指标能满足机场道面使用要求的方案较为可行。

调研期间分别参观了水泥生产线、中控室、实验室和原材石料矿区，对水泥生产环节有了清楚的了解和认识。此外，对水泥生产企业的历史价格做了调研，并分别对各水泥厂普通水泥等产品进行了取样留存。

1. 金隅集团天津振兴水泥厂

（1）企业情况

天津振兴水泥有限公司坐落在天津北辰经济开发区（图4-2），占地面积57.70万平方米，建筑面积6.2万平方米；至2008年年底公司总资产11.41亿元；员工484人，其中技术人员145人。公司组建于1996年，注册资金55811万元，现有2条日产熟料2000t的新型干法水泥生产线，是目前天津市最大的水泥生产企业。年生产能力180万吨，占天津市水泥产量的34%，市场占有率10%。

图 4-2　天津振兴水泥厂

（2）水泥试验检测结果

天津振兴水泥送样品为 P·O 42.5，通过试验，该厂样品指标满足使用要求。

2. 唐山冀东水泥股份有限公司唐山分公司

（1）企业情况

冀东水泥丰润公司（以下简称丰润公司）和冀东水泥丰润三期项目经理部（以下简称丰润三期）于 2010 年 1 月 1 日正式合并，更名为唐山冀东水泥股份有限公司唐山分公司，原有的丰润公司和丰润三期分别改称唐山分公司一厂和二厂（图 4-3）。

一厂是唐山冀东水泥股份有限公司全资子公司，坐落在河北省唐山市丰润区林荫路 87 号，两条生产线中的第一线是国家"六五"期间建成的大型现代生产企业，工艺技术设备先进，成套设备均从日本引进，是一条现代化新型干法水泥熟料生产线，1981 年 5 月开工建设，设计能力为日产熟料 4000t。1983 年 12 月建成，1985 年 1 月正式投入生产。1994 年 11 月，第二条生产线开工建设，总投资 13.6 亿元，设计能力日产熟料 4000t，是国家"八五"十二条龙科技攻关项目。

二厂厂址位于唐山市丰润区王官营镇冀东水泥原有矿山采空区，占地面积 33 万平方米。2006 年 6 月，经河北省发展改革委立项核准，计划投资 15.6 亿元。三条熟料生产线（C、A、B）分别于 2008 年 9 月 1 日、11 月 17 日、2009 年 2 月 13 日开始试生产。三条生产线设计生产能力均为 4500t，并配套建设装机容量 25MW、12MW 两个纯低温余热发电机组。

（2）水泥试验检测结果

唐山冀东水泥送样为 P·O 42.5、P·O 42.5R、P·R 42.5、P·Ⅱ 42.5，四种水泥中能够符合机场建设使用的主要是 P·O 42.5。试验表明该厂样品指标满足使用要求。

图 4-3　唐山冀东水泥股份有限公司唐山分公司

3. 金隅集团北京金隅琉璃河水泥厂

（1）企业情况

北京市琉璃河水泥有限公司始建于 1939 年，隶属于北京金隅集团控股的北京金隅股份有限公司（图 4-4），拥有一条 2500t/d 新型干法水泥生产线和一条 2000t/d 新型干法水泥生产线，主要产品有 P·O 42.5、P·I 42.5，年生产供货能力达 300 万吨以上，日出厂水泥量 15000t 以上。

（2）水泥试验检测结果

金隅集团北京金隅琉璃河水泥厂送样品为 P·O 42.5，试验表明样品指标满足使用要求。

4. 水泥历史价格分析

通过北京造价网（http：//www.bjzj.net）、河北省工程造价信息网（http：//www.hb-cec.com）以及购买各地级市工程造价信息获取北京和河北地区水泥历史价格如表 4-1 和图 4-5～图 4-16 所示。

图 4-4　金隅集团北京金隅琉璃河水泥厂

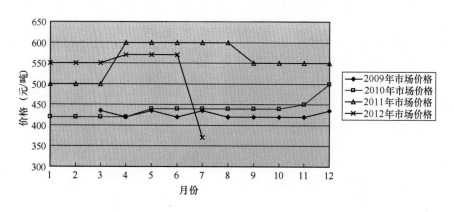

图 4-5　北京 2009－2012 年普硅水泥年度价格走势图

表 4-1　北京水泥历史价格信息表

序号	材料名称	规格型号及特征	单位	市场价格（元）				发布月份	备注
				2009	2010	2011	2012		
1	普通硅酸盐水泥	P·O 42.5 级散装	t		420	500	550	1	
2	普通硅酸盐水泥	P·O 42.5 级散装	t		420	500	550	2	
3	普通硅酸盐水泥	P·O 42.5 级散装	t	435	420	500	550	3	
4	普通硅酸盐水泥	P·O 42.5 级散装	t	420	420	600	570	4	
5	普通硅酸盐水泥	P·O 42.5 级散装	t	435	440	600	570	5	
6	普通硅酸盐水泥	P·O 42.5 级散装	t	420	440	600	570	6	
7	普通硅酸盐水泥	P·O 42.5 级散装	t	435	440	600	370	7	
8	普通硅酸盐水泥	P·O 42.5 级散装	t	420	440	600		8	
9	普通硅酸盐水泥	P·O 42.5 级散装	t	420	440	550		9	
10	普通硅酸盐水泥	P·O 42.5 级散装	t	420	440	550		10	
11	普通硅酸盐水泥	P·O 42.5 级散装	t	420	450	550		11	
12	普通硅酸盐水泥	P·O 42.5 级散装	t	435	500	550		12	
平均				426	440	560			

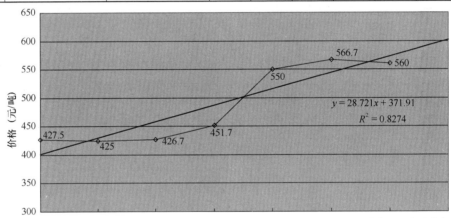

图 4-6　北京 2009—2012 年普硅水泥历史价格走势图

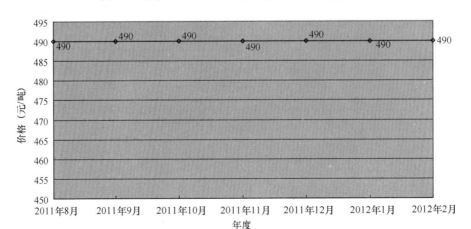

图 4-7　河北唐山地区 2011 年水泥价格曲线走势图

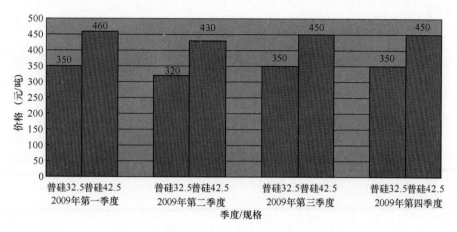

图 4-8　张家口地区 2009 年水泥价格柱状图

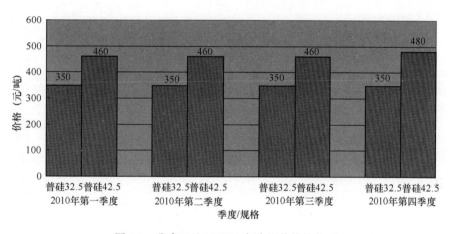

图 4-9　张家口地区 2010 年水泥价格柱状图

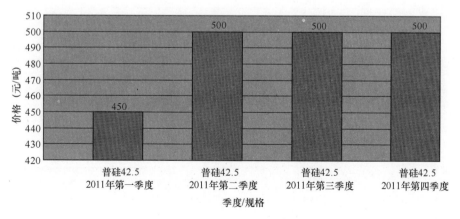

图 4-10　张家口地区 2011 年水泥价格柱状图

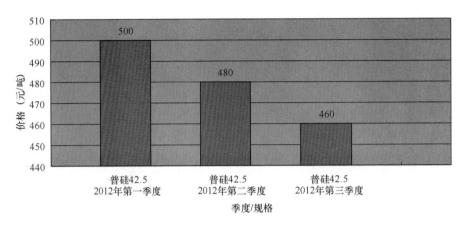

图 4-11　张家口地区 2012 年水泥价格柱状图

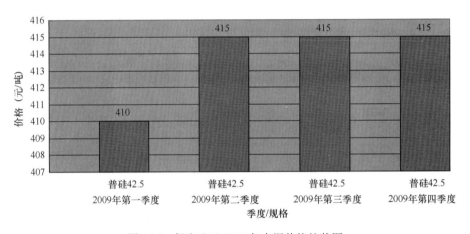

图 4-12　保定地区 2009 年水泥价格柱状图

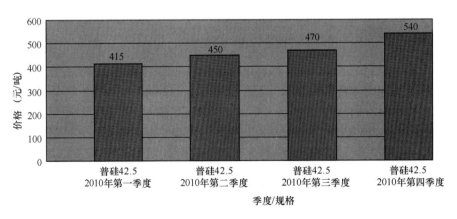

图 4-13　保定地区 2010 年水泥价格柱状图

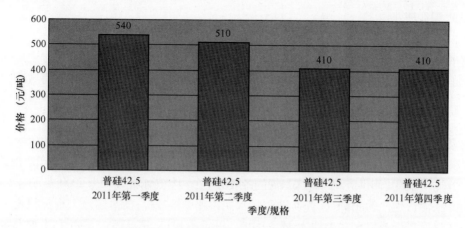

图 4-14 保定地区 2011 年水泥价格柱状图

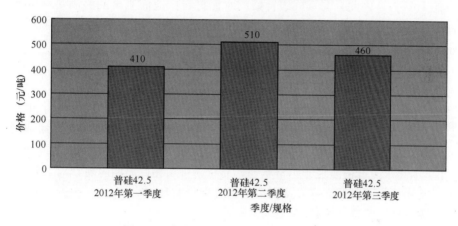

图 4-15 保定地区 2012 年水泥价格柱状图

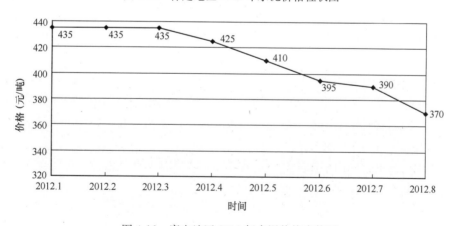

图 4-16 唐山地区 2012 年水泥价格走势图

从上述图表可以看出,北京及周边省市普通硅酸盐水泥 P·O 42.5 在 2009 年到 2011 年期间,总体价格走势是上涨的,均价由 426 元/吨上涨到 568 元/吨,但是 2012 年上半年基本略有下跌,跌至 550 元/吨,其中 2012 年 7 月的价格出现了较大的波动,最低达到 370 元/吨。

5. 水泥调研小结

(1) 生产企业概况及产能调查

本项目调研走访的水泥企业分别是金隅集团天津振兴水泥厂、唐山冀东水泥股份有限公司唐山分公司、金隅集团北京琉璃河水泥厂。金隅集团和冀东集团均为国有大型上市企业，是北京市场主要水泥供应商、华北地区知名的水泥生产企业。上述企业具有完善的管理制度、成套的设备、雄厚的资金和技术队伍，较强的资源配置力。

两家企业年生产能力总和约为 2 亿吨，供应北京地区的水泥的年产能力超过 5000 万吨，其中冀东集团供应北京地区水泥的股份子公司分别为冀中南大区和冀东大区，年产水泥总和为 3000 多万吨，金隅集团供应北京地区水泥的各股份子公司年产水泥总和为 2000 多万吨。

两家水泥厂生产的 42.5 级普通硅酸盐水泥占比为 80%，技术成熟，指标稳定。新机场飞行区道面建设使用水泥大约为 175 万吨，每年不超过 87.5 万吨，占上述水泥生产企业总产量的 1.75%，因此，北京周边合格的水泥材料供应商完全能够满足新机场飞行区道面水泥原材料建设使用的需求。两家企业均有机场建设供料经验，具备为新机场建设提供专项水泥产品和运输的能力。

(2) 材料价格调查

通过水泥历史价格曲线，我们分析了北京、河北、天津地区水泥价格，从 2008 年到 2012 年水泥历史价格曲线中可看出，水泥价格总体呈上升趋势；2012 年下半年北京地区水泥价格出现了较之前价格降低的现象，主要因为国家进行了宏观调控并对房地产行业进行调整、水泥产业产能过剩以及水泥生产企业之间不正当竞争等种种因素的综合原因，使得 2012 年下半年水泥价格呈现非正常状态，北京新机场建设周期内随着人工费以及煤炭、汽油等资源费用价格不断地上涨，水泥价格仍会稳步上升。

(3) 运输条件、路况及承受能力调查

水泥运输主要是由供应商提供专用水泥罐车，车辆基本为标准载重。水泥罐车以水泥厂自有车辆和社会雇用运输车辆为主，水泥厂的位置均处于主要交通道路附近，从出厂到新机场沿途道路大致有县道、省道、国道、高速公路等道路，便于水泥罐车以最短的时间到达施工地点。

(4) 产品质量情况

硅酸盐水泥生产工艺俗称"两磨一烧"，目前大型水泥厂采用的烧制生产方式为干法回转窑，金隅集团和冀东集团水泥厂生产技术先进，产品质量稳定，均有自己的石灰石矿山，保证了上游原材料的质量控制。

由于市场的需求，国内水泥生产企业均以普通硅酸盐水泥（普硅）为主要产品，生产线多为适应普硅水泥生产而设计，而其他产品（如道路水泥等）在生产中因要加入更多的铁矿石等，在燃烧炉熔解结晶过程中对温度要求很苛刻，故道路水泥较普硅水泥产品质量更难把握，产量也较普硅小。调研中对比了几种水泥，认为普硅水泥更适合北京新机场水泥用量大、质量要求高的要求。

本项目调研了解到金隅和冀东在高铁等国家大型工程项目中均有参与，采用普硅替代其他水泥在特殊构件中使用，产品质量能满足质量要求。

4.2.2.2 碎石

北京周边碎石生产主要集中在唐山、三河、涞水、易县、涿州、张家口、房山等地区，距新机场最远的唐山和张家口，运距均在 280km 左右；距新机场最近的房山、涞水、易县和涿州，运距在 80km 左右。通过走访国土资源局，了解到有正规开采手续的厂家情况如下：各地区国土局提供生产碎石企业 370 多家，生产规模不一。从中选取具有代表性的厂家进行了现场调研，情况如下。

1. 唐山地区

（1）生产情况

从唐山国土资源局获取信息中了解到该地区生产碎石企业较多，主要分布在玉田、遵化及丰润三个区县，大小企业约 60 家，企业规模大小不一，管理水平高低不齐，材质均为建筑用白云岩，唐山地区年生产能力总和约为 1000 万吨，储量丰富，可开采 20 年以上，平均出厂价格为 20 元/吨。运输方式主要以汽运为主，唐山地区距北京新机场距离较远，最近的为玉田地区，约为 190km，运费是材料价格的 2 倍以上。此次调研有针对性地考察了遵化、玉田及丰润主要碎石生产企业，以下为各企业具体情况：

遵化市新店子镇采石厂（图 4-17）是年产 60 万吨碎石企业，储量丰富，材质主要是建筑用白云岩，碎石中粉尘含量较大，岩层界面材质不均匀，山皮石较厚，距新机场大约 220km，出厂道路需要穿过西峪村，道路较窄，大车会车较困难，出厂单价为 19 元/吨（图 4-18）。

图 4-17　遵化市新店子镇采石厂

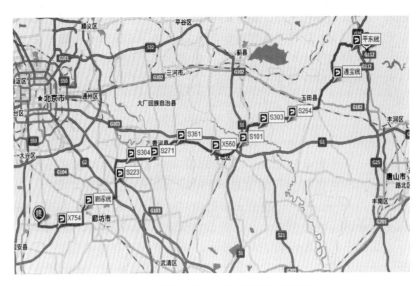

图 4-18　遵化市新店子镇采石厂运输线路

玉田县采石厂（图 4-19）位于唐山玉田孤树镇后旺庄村，是年产 100 万吨企业，材

图 4-19　玉田县采石厂

质主要是建筑用白云岩，距新机场大约 190km，碎石厂设在 G102 边上，交通十分便利（图 4-20）。

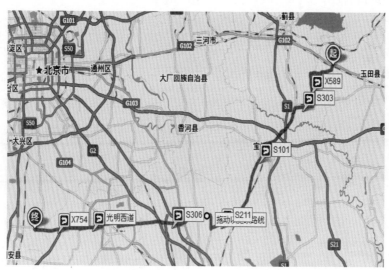

图 4-20　玉田县采石厂运输线路

唐山市丰润区采石厂（图 4-21）位于唐山市丰润区王官营镇，是年产 60 万吨企业，

图 4-21　唐山市丰润区采石厂

材质主要是建筑用白云岩，距新机场大约270km，碎石生产主要供附近钢厂做原材料用，出厂道路需要穿过村庄，道路较窄，大车会车较困难（图4-22）。

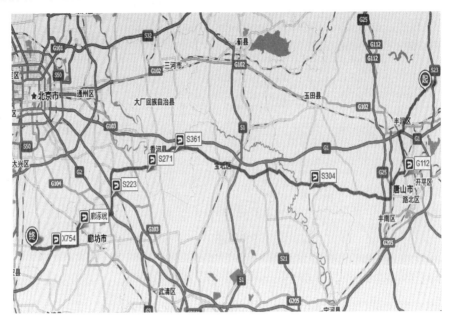

图4-22　唐山市丰润区采石厂矿运输线路

（2）试验检测数据

对玉田地区送样产品进行试验，试验结果满足规范要求。

2. 三河地区

（1）生产情况

三河地区碎石生产企业（图4-23）主要集中在段甲岭和黄土庄镇，共有22家碎石生产企业，40多条生产线，形成了碎石加工产业链，采用"产、销、运一条龙"运营模式，在生产环节注重对环境保护，每个企业都有生产车间，减少了对环境的污染，材质均为建筑用白云岩，年生产能力总和约为3000万吨，该地区出厂价为17元/吨。运输方式主要以汽运为主，三河地区距北京新机场距离为120km左右，出厂道路路况很好，厂区道路距高速及国道主干道距离十分近（图4-24）。

图4-23　三河地区碎石生产企业及样品（一）

图 4-23 三河地区碎石生产企业及样品（二）

图 4-24 三河地区碎石运输线路

（2）试验检测数据

对三河地区送样产品进行试验，试验结果满足规范要求。

3. 涞水、易县和涿州地区

（1）生产情况

涞水、易县及涿州三地（简称涞易涿）碎石加工企业（图 4-25）比较多，主要集中在涞水、易县两地区，材质为建筑用白云岩。该地区年产能力总和约为 3000 万吨，储量在 2 亿吨以上。从开采界面可清楚看出岩石经过常年沉积挤压作用，材质层理分布清晰均

图 4-25　涞易涿三地碎石生产企业

匀，杂质较少，目测初步判断可作为道面面层混凝土原材料。运输方式主要以汽运为主，涞易涿地区距北京新机场平均距离约为85km。在考察现场过程中发现个别企业同当地百姓存在纠纷，老百姓拦阻出厂车辆，同当地百姓关系比较紧张（图4-26）。

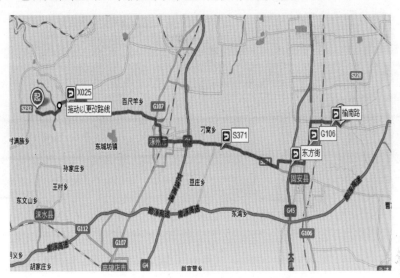

图 4-26　涞易涿地区碎石运输线路

（2）试验检测数据

三地区主要以涞水地区送样产品进行试验，试验结果满足规范要求。

4. 房山地区

（1）生产情况

房山地区碎石生产企业（图4-27）具有开采资格的主要有三家，其中两家属金隅集团的采石场，分别为水泥生产提供原料和对外销售。材质主要为建筑用石灰岩，该地区年

图 4-27　房山采石场

产量总和在 1000 万吨以上,目前备料有 10 万吨,平均出厂价格为 40 元/吨。岩层界面开采面较大,但该地区石料风化较为严重,开采面可见夹层和水锈比较多,初步判断可用于道面基层和垫层材料。运输方式主要为汽运,厂区道路为山区路,路况较差,厂区距国道运输线较远,到新机场运距为 70km(图 4-28)。

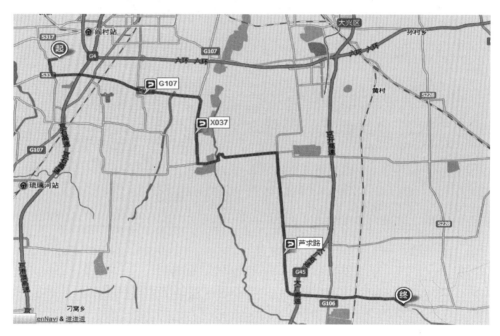

图 4-28 房山地区碎石运输线路

(2)试验检测数据

房山地区主要是对金隅矿业和长流水矿业送样产品进行试验,试验结果满足规范要求。

5. 张家口地区

(1)生产情况

张家口地区碎石生产企业(图 4-29、图 4-30)主要分布在怀来、涿鹿、下花园等地区,该地区碎石年生产能力约为 1500 万吨,储量丰富,平均出厂价为 33 元/吨,材质主要为建筑用白云岩,运输方式主要为汽运,但个别企业具备铁路运输条件。该地区规模最大的两家企业是原国有企业转型后的碎石加工民营企业,生产规模均在年产 100 万吨以上,

图 4-29 张家口地区采石厂(一)

图 4-30 张家口地区采石厂（二）

生产较规范，距新机场运距 200km 以上，具备铁路运输线，汽车运输离 G110 线较近，方便运输，厂区道路直通 G110（图 4-31）。

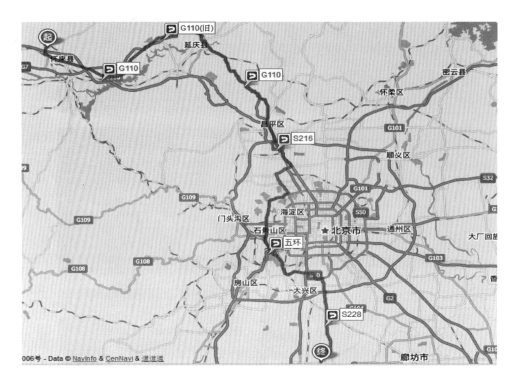

图 4-31　张家口地区碎石运输线路

（2）试验检测数据

主要对张家口怀来东宝采石场和张家口怀来北山采石场送样产品进行试验，试验结果满足规范要求。

6. 顺义地区

顺义地区采石场（图 4-32）位于顺义和平谷大孙各庄镇大段村北，年产 80 万吨，主要材质为建筑用石灰岩，企业生产规模较大，交通运输便利，厂区距京平高速 4.5km（图 4-33）。

图 4-32　顺义哲君采石场（一）

图 4-32 顺义哲君采石场（二）

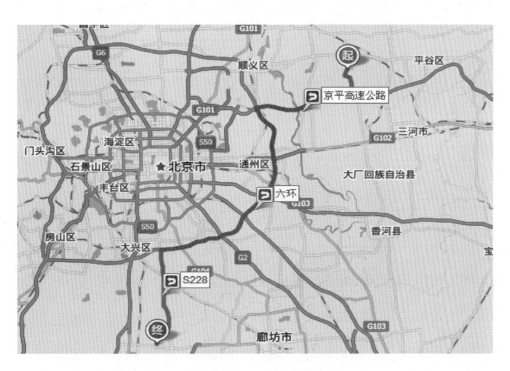

图 4-33 顺义地区碎石运输线路

7. 承德地区

通过了解承德地区玄武岩主要分布区域，特将分布详细情况汇总见表 4-2。

表 4-2 承德地区玄武岩分布情况汇总表

县别	矿山名称	位置	储量 ($10^3\,m^3$)	备注
围场满族蒙古族自治县	鼎新玄武岩矿（饰面用玄武岩）	围场县新拔乡	1656	
	拓鑫石材矿（饰面用玄武岩）	围场县郭家湾乡	146.2	
	围场县山湾子乡玉珍玄武岩矿（饰面用玄武岩）	围场县山湾子乡	167.01	
	康业矿业有限公司（饰面用玄武岩）	围场县郭家湾乡	93	围场满族蒙古族自治县郭家湾乡松树沟村
	围场县银窝沟乡查证村建筑用玄武岩矿	围场县银窝沟乡	566	
	围场县大头山乡大头山（公路用粗集料）玄武岩矿	围场县大头山乡	534	
隆化县	通达玄武岩有限公司（建筑用玄武岩矿）	隆化县唐三营乡	1164	唐三营镇河南营村
	东发玄武岩有限公司（建筑用玄武岩矿）	隆化县唐三营乡	1055.5	唐三营镇河南营村
	承德致诚玄武岩石材有限公司（建筑用玄武岩矿）	隆化县唐三营乡	84	唐三营镇河南营村
	隆化县白虎沟乡平顶山建筑用玄武岩矿	隆化县白虎沟乡	594	
	隆化县湾沟门乡四道沟村玄武岩矿	隆化县湾沟门乡	567.6	
隆化县参考价	出厂价	135.00 元/m^3	到北京	240.00 元/m^3

8. 碎石历史价格分析

通过北京造价网（http：//www.bjzj.net）、河北省工程造价信息网（http：//www.hb-cec.com）以及购买各地级市工程造价信息价获取北京和河北地区碎石历史价格，如图 4-34～图 4-45 所示。

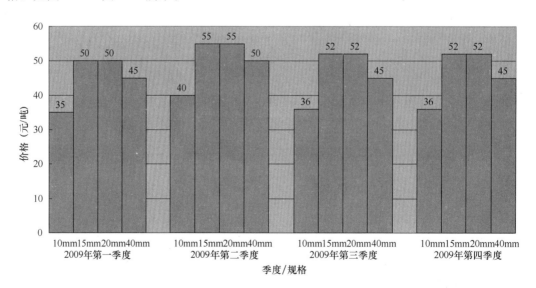

图 4-34 张家口地区 2009 年碎石价格柱状图

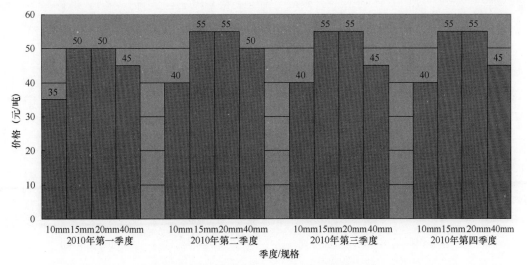

图 4-35 张家口地区 2010 年碎石价格柱状图

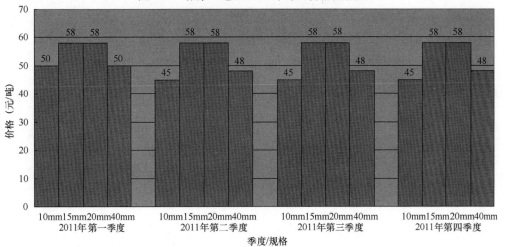

图 4-36 张家口地区 2011 年碎石价格柱状图

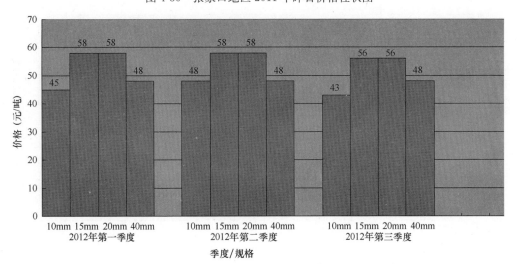

图 4-37 张家口地区 2012 年碎石价格柱状图

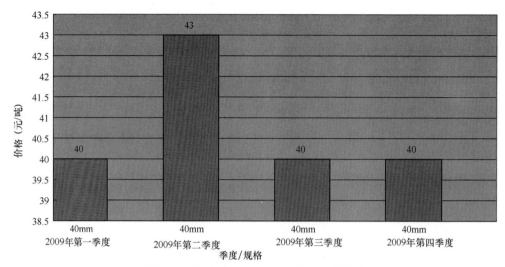

图 4-38　保定地区 2009 年碎石价格柱状图

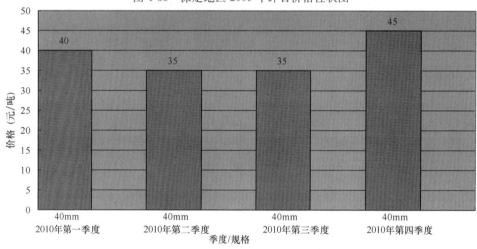

图 4-39　保定地区 2010 年碎石价格柱状图

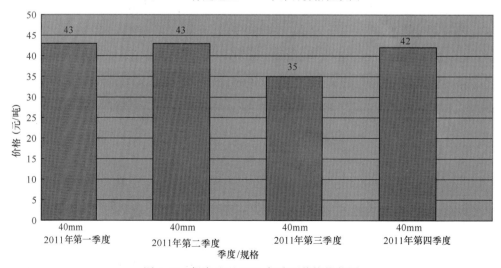

图 4-40　保定地区 2011 年碎石价格柱状图

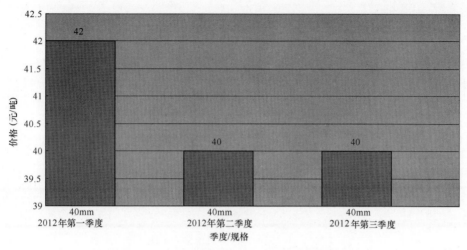

图 4-41 保定地区 2012 年碎石价格柱状图

注：以上信息源于当地工程造价信息站。

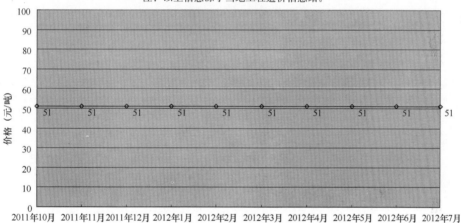

图 4-42 北京地区碎石历史价格走势图

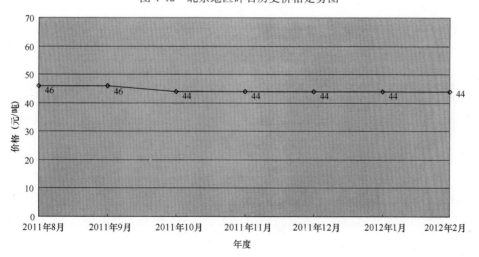

图 4-43 河北保定地区碎石历史价格走势图

注：以上信息来源为网络调查。

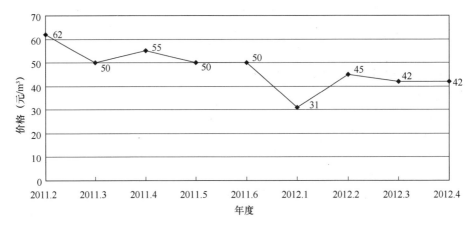

图 4-44　三河地区碎石价格走势图

注：三河地区价格表时间以掌握资料的时间统计。

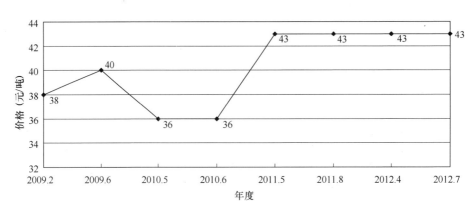

图 4-45　承德地区碎石价格走势图

注：承德地区价格表时间以掌握资料的时间统计。

9. 碎石调研小结

此次调研对距北京新机场 300km 半径范围内的碎石生产地区进行了不同程度的考察，整理得出以下结论：

（1）生产企业概况及产能调查

碎石生产企业全部为私人合资企业，生产规模大小不一，管理水平参差不齐，生产企业技术单一，市场行为较随意，企业资金较单薄，承担风险能力差，但应对市场导向灵活，善于把握扩大规模机会。

北京及周边地区（张家口、廊坊、保定、唐山）大小分布碎石企业为 300 多家，预估年总产能为 1.5 亿吨。新机场飞行区道面一期建设使用碎石用量大约为 2000 万吨，按三年使用计算，每年不超过 700 万吨，占总产量的 4.7%。因此，北京周边碎石材料供应完全能够保障北京新机场飞行区道面建设使用。

（2）材料价格的调查

通过碎石历史价格曲线，我们分析了北京、张家口、保定、三河等地区碎石价格，价格整体波动较小，各地区情况不同，材料价格涨幅不同。北京碎石价格比较稳定，历史价格曲线分析表明目前碎石出厂价格为 51 元/吨。

现场走访了北京及周边等地区，了解到碎石出厂价格为 19～51 元/吨。目前调研生产企业范围距北京新机场运输距离为 80～300km，运输费用为 0.25～0.4 元/(t·km)，碎石到厂价格 60～170 元/吨，价格会随着产品质量、生产地点、市场供需关系等因素上下波动。

（3）运输条件、路况及承受能力调查

北京及周边碎石生产企业主要运输方式采用汽车运输，个别企业具备铁路运输条件，但铁路运输成本高，受多方面条件限制。目前碎石生产企业外运材料，主要有运输车辆上门采购和生产企业负责联系车队运输两种方式。

碎石生产企业一般地处偏僻矿山中，交通条件差，出厂运输路线需要通过邻近村庄，企业同周边百姓易产生纠纷，影响运输通畅性。符合标准载重车辆可通行高速路，提高运输速度及能力，而目前运输状况超载现象较为常见，多数超载运输车辆为躲避检查站通行县道、省道等，但这些运输线路上最薄弱处为一些县乡道路危桥限载，容易出现交通隐患。

易县、涞水、三河等地区大部分碎石生产企业距高速公路较近，出厂道路通畅，距新机场距离为 80～120km，较其他地区具有运距短的优势。

（4）产品质量情况介绍

目前碎石生产企业采用炸药爆破岩石层，再用破碎机械进一步破碎岩石，将大小合适石块投入颚式破碎机和回转破碎机破碎形成大小不一的混合料，混合料通过不同筛孔筛子，过筛后形成不同规格碎石，该流程为常规的碎石生产工艺。

北京及周边石材大部分为建筑用石灰石、建筑用白云岩，地区不同材质也不同，受石材风化、矿物含量、节理发育等因素决定石材母岩特性。其中以涞水、易县、张家口地区材质较优，符合新机场飞行区道面面层标准要求；三河、玉田、遵化、丰润因矿物含量成分原因，可作为北京新机场飞行区道面基层材料使用。张家口和承德地区分布有玄武岩层，材质较优、岩石分布较均一，母岩特性能满足新机场飞行区工程建设使用。

4.2.2.3　河沙

河沙是经过河水常年累月搬运形成的材料，河道采沙是获取沙源的主要方式；由于沙的用量越来越大，政府对河道加大整治力度，河沙资源作为建筑用材在整个建筑行业缺口较大，所以沙是此次料源调研的主要考察对象之一。北京周边河沙开采主要集中在拒马河、永定河及潮白河，唐山青龙河和渭泾河，张家口洋河和清水河西沟支流。

1. 张家口洋河和清水河

（1）生产情况

如图 4-46 所示，张家口地区河沙主要分布于洋河和清水河西沟支流河道区域，该区域河沙储量丰富，清水河西沟支流河道沙质、规格及洁净度均比较好，年开采量为 1000 万吨，但距北京新机场 300km，运距较远。洋河位于怀来县和涿鹿县境内，河道采沙企业有 20 多家，该地区沙质偏细，4.75mm 以上部分石子（俗称豆石）偏多，整体级配较差。洋河采沙区域年开采总产能约为 600 万吨，以汽车运输方式为主，距北京新机场大约 250km，运距较远（图 4-47、图 4-48）。

图 4-46　张家口洋河和清水河西沟支流河沙

（2）张家口地区沙试验检测数据

对张家口地区洋河和清水河西沟支流送样产品进行试验，试验结果中洋河地区河沙含泥量超标，细度模数偏小，试验结果为部分满足规范要求。

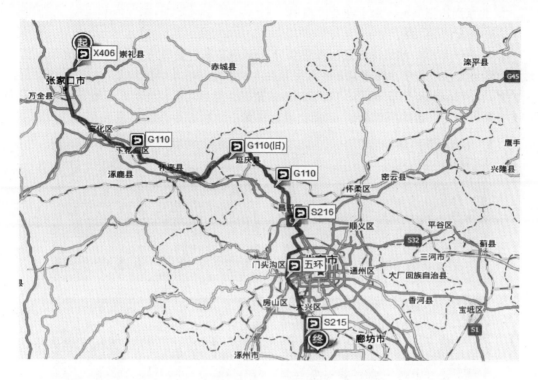

图 4-47　张家口清水河西沟支流河沙运输线路

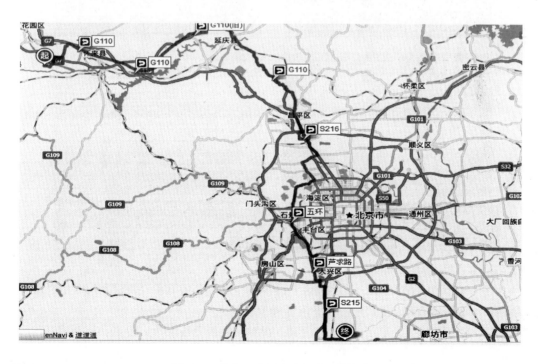

图 4-48　张家口洋河支流河沙运输线路

2. 北京周边拒马河、永定河及潮白河

生产情况：

如图 4-49 所示，涞易涿地区河沙主要分布于中易水、拒马河及永定河支流等河道区域，该区域采沙厂较多沙源丰富，年开采量在 500 万吨，沙质级配较差，4.75mm 以上石子较多，4.75mm 以下部分偏细，属于细沙的范围。交通运输较便利，运输方式主要采用汽车运输，距北京新机场 80km，运距比较近（图 4-50）。

图 4-49 北京周边拒马河流域、永定河流域及潮白河流域采沙厂

3. 唐山迁安青龙河及遵化渭泾河

（1）生产情况

如图 4-51、图 4-52 所示，唐山地区河沙主要以遵化渭泾河和迁安青龙河两条河道为采沙区域，该地区沙源较丰富，迁安青龙河沙质比较好也很洁净，产量年产大约在 200 万吨。遵化渭泾河沙规格偏细，年产量在 200 万吨，该地区距新机场 280km 左右，运距较远。

（2）唐山地区沙试验检测数据

对唐山地区遵化渭泾河和迁安青龙河送样产品进行试验，试验结果中遵化渭泾河地区河沙含泥量偏高，细度模数偏小，试验结果满足规范要求。

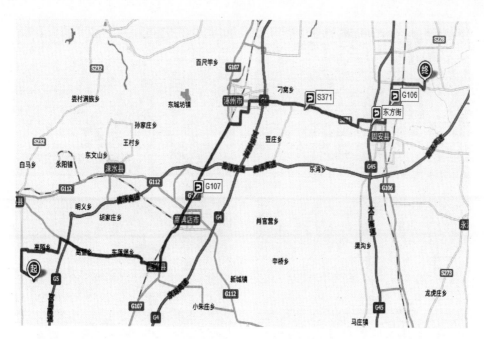

图 4-50　涞易涿河沙运输线路

图 4-51　唐山遵化渭泾河采沙厂及样品

图 4-52 唐山迁安青龙河采沙厂及样品

4. 唐山迁安尾矿

（1）生产情况

唐山迁安首钢尾矿砂是首钢钢厂铁矿石经球磨机加工磁选后的产物，颗粒较均匀，含有一定铁的成分。尾矿砂作为钢厂附属产物，年产量在 120 万吨，目前存料大约 7 万吨，价格低、产量稳定，与混凝土匹配性有待进一步研究。该厂址距北京新机场大约 280km，运距较远。

（2）唐山地区尾矿砂试验检测数据

对唐山迁安地区迁安水厂尾矿砂送样产品进行试验，试验结果细度模数偏小，含泥量较高。

5. 新机场场区砂源调查

根据勘察资料了解到，新机场场区地表 5m 下有 1～2m 厚细沙，分布范围较散、储量较少。场区范围内地表以下 25～30m，存有 5m 层厚相对比较稳定的沙源断层，该层沙源埋藏较深，不适宜大规模开采。具体如图 4-54、图 4-55 所示。

图 4-53　唐山迁安首钢尾矿砂

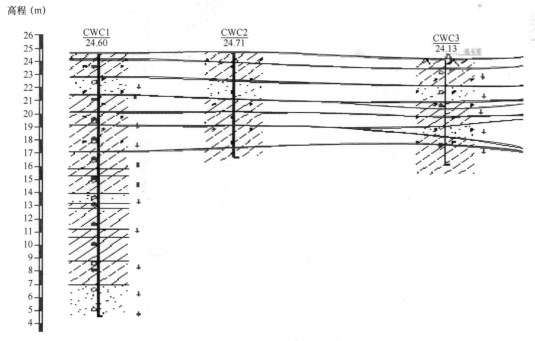

图 4-54　埋深 25～30m 沙层示意图

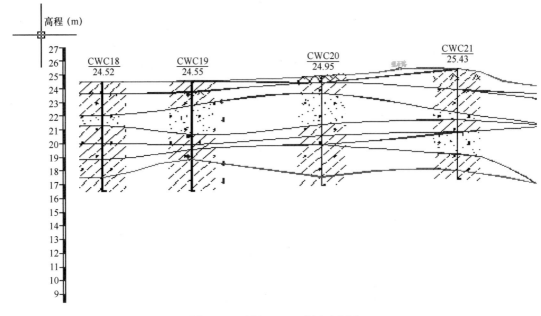

图 4-55 埋深 1～2m 沙层示意图

根据勘察资料显示，场区勘察出来的沙层中的沙均为粉细沙，不适合在水泥混凝土中使用。

6. 砂历史价格

通过北京造价网（http：//www.bjzj.net）、河北省工程造价信息网（http：//www.hb-cec.com）以及购买各地级市工程造价信息价获取北京和河北地区河沙历史价格，如图 4-56 至图 4-67 所示。

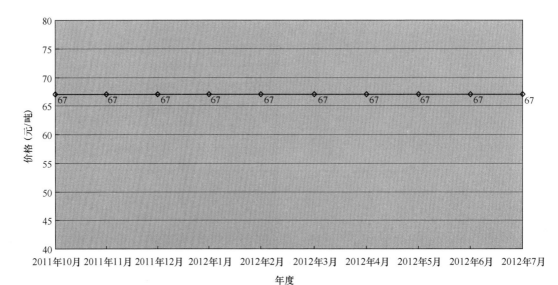

图 4-56 北京地区沙子价格走势图

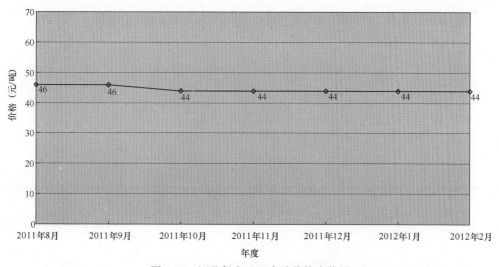

图 4-57 河北保定地区中砂价格走势图

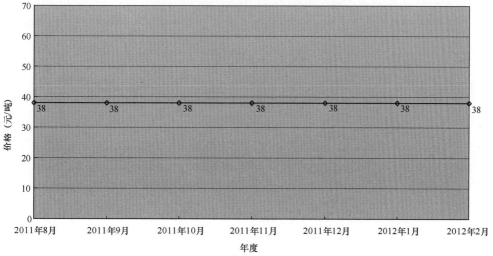

图 4-58 河北张家口地区中砂价格走势图

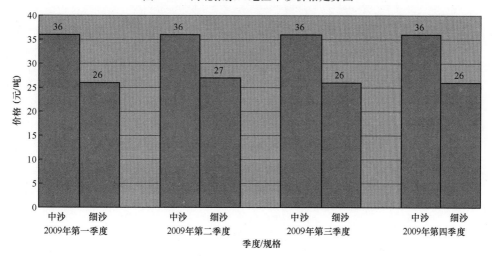

图 4-59 张家口地区 2009 年河沙价格柱状图

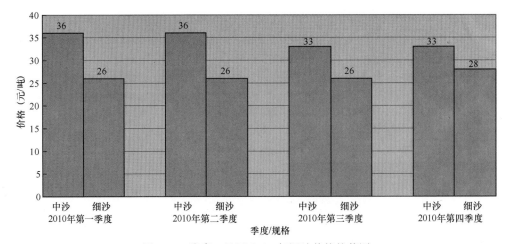

图 4-60　张家口地区 2010 年河沙价格柱状图

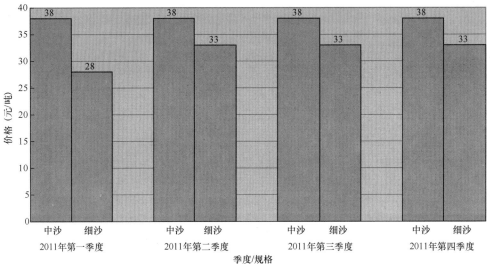

图 4-61　张家口地区 2011 年河沙价格柱状图

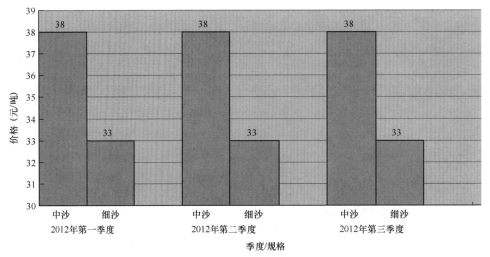

图 4-62　张家口地区 2012 年河沙价格柱状图

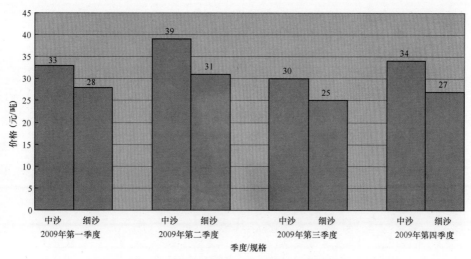

图 4-63 保定地区 2009 年河沙价格柱状图

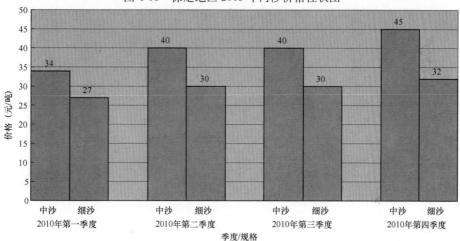

图 4-64 保定地区 2010 年河沙价格柱状图

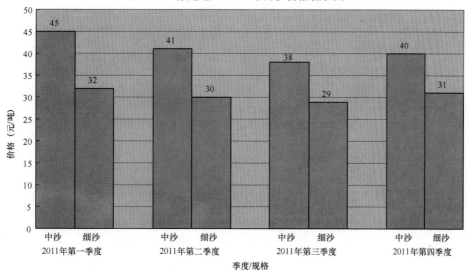

图 4-65 保定地区 2011 年河沙价格柱状图

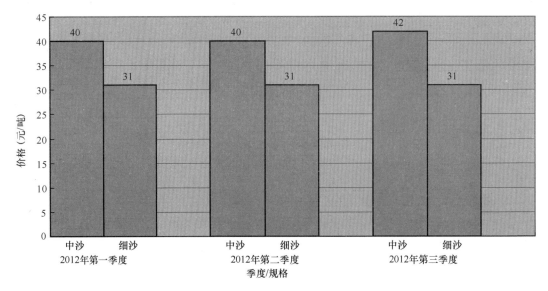

图 4-66 保定地区 2012 年河沙价格柱状图

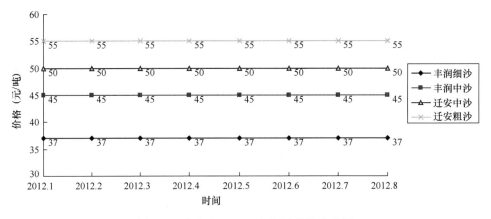

图 4-67 唐山地区 2012 年河沙价格走势图

7. 砂调研小结

目前建筑工程使用的砂大多为河道、湖床里的天然砂，然而天然砂资源日趋紧张，而且质量不断下降，本项目对河沙调研过程整理得到如下结论：

（1）生产企业概况及产能调查

河沙生产企业均为小型作坊式生产单元，入门条件低，生产企业设备单一，投入人员技术水平低，市场行为不规范，私采乱挖现象常有。近年来，水利部门通过加大整治力度，采砂行业只对具有经营权企业开放，各地区为争夺采砂利益，不同企业通过各种手段获取开采经营权，采砂行业成为目前建筑材料市场争相涉足的行业。

北京因特殊地理环境，各河流禁止开采河沙，而周边地区（张家口、保定、唐山）大小采砂企业 100 家左右，预估年产砂总产能约为 5000 万吨。新机场飞行区道面一期建设使用砂接近 210 万吨，按三年投入使用计，每年不超过 70 万吨，占总产能的 1.4%。因此，北京周边河沙开采量能够保障新机场飞行区道面建设的需要。

（2）材料价格的调查

通过搜集河沙历史价格，我们分析了北京、张家口、保定、唐山等地区河沙价格：价格整体波动较小但各地区情况不同，材料价格涨幅不同。北京碎石价格比较稳定，历史价格曲线分析表明目前砂出厂价格为 67 元/吨。

我们现场走访了北京及周边等地区，了解到河沙出厂价格为 38～67 元/吨，目前调研生产企业范围距北京新机场运输距离为 80～300km，运输费用为 0.25～0.4 元/(t·km)，河沙到厂价格 75～187 元/吨，价格会随着产品质量、生产地点、市场供需关系等因素上下波动。

（3）运输条件、路况及承受能力调查

北京及周边河沙生产企业主要运输方式采用汽车运输，目前河沙生产企业外运河沙主要有运输车辆上门采购和生产企业负责联系车队运输两种方式。

河沙生产企业一般地处河道边缘，部分河道周边道路通畅，装砂车辆可从河滩路直接通往公路主干道。由于河滩道路承载力差，运砂车辆多为载重吨位较小的车辆，可适应各等级道路行驶。

涿州等地区大部分碎石生产企业距高速公路较近，出厂道路通畅，距北京新机场距离为 80～120km，较其他地区具有运距短的优势；张家口和唐山等地区河沙运输线距北京新机场距离约为 300km，运输线路较长。

（4）产品质量情况介绍

河沙开采多采用采砂船进行开采，将河道底部河沙通过采砂船进行挖掘，皮带传送到船仓，再经过水洗过筛将河沙进行处理，大部分采砂企业对过筛豆石经过二次破碎，回掺河沙中来调整河沙级配。

此次调研共走访了张家口地区、易县地区、唐山地区等河沙开采企业，其中，易水地区、唐山遵化地区及张家口洋河地区河沙级配偏细，含泥量偏大，豆石含量偏高；而唐山迁安、张家口清水河西沟支流河沙材质较好，洁净度高，为优质砂源。

首钢尾矿砂是首钢钢厂铁矿石经球磨机加工磁选后的产物，颗粒较均匀，含有一定铁的成分，价格低、产量稳定，与混凝土匹配性有待进一步研究。该产品如果能在基层混凝土中替代部分河沙，既可以减少河沙使用量，又可以为钢厂处理尾料，减小对环境的污染和占地。

4.2.2.4 钢材

新机场飞行区用钢材主要是道面区、桥梁及下穿通道等，需螺纹钢筋及光圆钢筋等。目前北京周边钢厂主要集中在首钢、唐钢、邯钢等钢铁生产企业，产能完全能够满足北京新机场飞行区道面钢材用量的需求。

1. 中国首钢集团

中国首钢集团始建于 1919 年，是以钢铁业为主，兼营采矿、机械、电子、建筑、房地产、服务业、海外贸易等的大型企业集团。2004 年在河北迁安市依托首钢矿山基地建成了首钢迁钢公司，在河北秦皇岛市与首钢中板厂配套建成了首秦公司，迁钢、首秦、冷轧、首钢京唐钢铁厂相继建成投产，新钢厂总体技术装备达到世界一流水平，标志着首钢搬迁调整的新钢厂、新布局、新优势基本形成，成为我国第一个向沿海搬迁的大型钢铁企业（图 4-68）。

图 4-68　中国首钢集团

2. 唐山钢铁集团有限责任公司

唐山钢铁集团有限责任公司（以下简称唐钢）（图 4-69），是河北钢铁集团的骨干企业，全国特大型钢铁企业。唐钢地处河北省东部工业重镇——唐山市，依燕山，临渤海，接京津，享有发展钢铁工业得天独厚的资源条件和区位、交通优势。

图 4-69　唐钢集团

唐钢现有在册职工 3.7 万人。钢铁主业具有 1800 万 t/年的配套生产能力，主要产品为板、棒、线、型四大类，包括热轧薄板、冷轧薄板、镀锌板、彩涂板、中厚板、不锈钢、棒材、线材、型材等 140 多个品种，精品板材占产品总量的 40%。唐钢通过了质量、环境、职业健康安全管理体系"三合一"整合认证。

唐钢始建于 1943 年，是我国转炉炼钢的发祥地。"九五""十五"以来，唐钢实施铁、钢、轧三大系统技术改造，实现一系列重大进步，取得突飞猛进的发展，主要装备实现了大型化和现代化，跻身国际先进行列，工艺技术达到行业较高水平，成为中国重要的精品板材和精品建材生产基地。

3. 邯郸钢铁集团有限责任公司

河北钢铁集团邯郸钢铁集团有限责任公司（简称邯钢）位于我国历史文化名城、晋冀鲁豫四省交界区域中心城市、河北省重要工业基地——邯郸。邯钢于 1958 年建厂，历经半个多世纪的艰苦奋斗，现有总资产 858 亿元，职工 2.4 万人，具备了年产 1300 万 t 优质钢的综合生产能力，已成为我国重要的优质板材生产基地，是河北钢铁集团的核心企业（图 4-70）。

图 4-70　邯钢集团

4.2.2.5　沥青

新机场飞行区工程围场路、服务车道等均采用沥青路面，但相比其他原材料用量较少，目前，北京地区沥青销售品牌主要有壳牌、辽河、中海油等，标号分别为基质沥青70 号和基质沥青 90 号。表 4-3～表 4-8 是各品牌沥青检测结果。

表 4-3 壳牌基质沥青 70 号试验结果

检测指标		单位	检测结果	试验方法
针入度（25℃，100g，5s）		1/10mm	65	T0604—2011
软化点（环球法）		℃	47.0	T0606—2011
延度（cm/min，10℃）		cm	20.9	T0605—2011
延度（cm/min，15℃）		cm	＞200	T0605—2011
密度（25℃）		g/cm³	1.036	T0603—2011
闪点（克利夫兰开口杯法）		℃	351	T0611—2011
溶解度（三氯乙烯）		%	99.84	T0607—2011
蜡含量（蒸馏法）		%	2.6	T0615—2011
旋转薄膜加热试验 163℃ 85min	质量损失	%	−0.18	T0601—2011
	残留针入度	1/10mm	47	T0604—2011
	延度（10℃）	cm	6.1	T0605—2011
	延度（15℃）	cm	36.8	T0605—2011
	针入度比	%	72.0	T0609—2011

结论：

以上所检项目依据 JTG E20—2011 试验规程进行检测。

表 4-4 壳牌基质 90 号沥青试验结果

检测指标		单位	检测结果	试验方法
针入度（25℃，100g，5s）		1/10mm	84	T0604—2011
软化点（环球法）		℃	47.0	T0606—2011
延度（cm/min，10℃）		cm	73.1	T0605—2011
延度（cm/min，15℃）		cm	＞200	T0605—2011
密度（25℃）		g/cm³	1.040	T0603—2011
闪点（克利夫兰开口杯法）		℃	317	T0611—2011
溶解度（三氯乙烯）		%	99.85	T0607—2011
蜡含量（蒸馏法）		%	2.7	T0615—2011
旋转薄膜加热试验 163℃ 85min	质量损失	%	−0.20	T0601—2011
	残留针入度	1/10mm	70	T0604—2011
	延度（10℃）	cm	6.7	T0605—2011
	延度（15℃）	cm	45.0	T0605—2011
	针入度比	%	83.9	T0609—2011

结论：

以上所检项目依据 JTG E20—2011 试验规程进行检测。

表 4-5 基质沥青（70 号辽河盘锦）试验结果

检测指标		单位	检测结果	试验方法
针入度（25℃，100g，5s）		1/10mm	72	T0604—2011
软化点（环球法）		℃	44.0	T0606—2011
延度（cm/min，10℃）		cm	＞200	T0605—2011
延度（cm/min，15℃）		cm	＞200	T0605—2011
密度（25℃）		g/cm³	1.013	T0603—2011
闪点（克利夫兰开口杯法）		℃	252	T0611—2011
溶解度（三氯乙烯）		%	99.85	T0607—2011
蜡含量（蒸馏法）		%	1.4	T0615—2011
旋转薄膜加热试验 163℃ 85min	质量损失	%	−0.36	T0601—2011
	残留针入度	1/10mm	48	T0604—2011
	延度（10℃）	cm	13.5	T0605—2011
	延度（15℃）	cm	＞200	T0605—2011
	针入度比	%	66.0	T0609—2011

结论：

以上所检项目依据 JTG E20—2011 试验规程进行检测。

表 4-6 基质沥青（90 号辽河盘锦）试验结果

检测指标		单位	检测结果	试验方法
针入度（25℃，100g，5s）		1/10mm	77	T0604—2011
软化点（环球法）		℃	44.0	T0606—2011
延度（cm/min，10℃）		cm	＞200	T0605—2011
延度（cm/min，15℃）		cm	＞200	T0605—2011
密度（25℃）		g/cm³	1.012	T0603—2011
闪点（克利夫兰开口杯法）		℃	258	T0611—2011
溶解度（三氯乙烯）		%	99.90	T0607—2011
蜡含量（蒸馏法）		%	1.9	T0615—2011
旋转薄膜加热试验 163℃ 85min	质量损失	%	−0.38	T0601—2011
	残留针入度	1/10mm	50	T0604—2011
	延度（10℃）	cm	14.4	T0605—2011
	延度（15℃）	cm	＞200	T0605—2011
	针入度比	%	66.2	T0609—2011

结论：

以上所检项目依据 JTG E20—2011 试验规程进行检测。

表 4-7 中海油 70 号基质沥青试验结果

检测指标		单位	检测结果	试验方法
针入度（25℃，100g，5s）		1/10mm	58.0	T0604—2011
软化点（环球法）		℃	47.1	T0606—2011
延度（cm/min，10℃）		cm	＞100	T0605—2011
延度（cm/min，15℃）		cm	＞100	T0605—2011
密度（25℃）		g/cm³	1.007	T0603—2011
闪点（克利夫兰开口杯法）		℃	287	T0611—2011
溶解度（三氯乙烯）		%	99.50	T0607—2011
蜡含量（蒸馏法）		%	2.1	T0615—2011
旋转薄膜加热试验 163℃ 85min	质量损失	%	0.04	T0610—2011
	残留针入度	1/10mm	38.0	T0604—2011
	延度（10℃）	cm	2.1	T0605—2011
	延度（15℃）	cm	47.4	T0605—2011
	针入度比	%	65.5	T0610—2011

结论：
以上所检项目依据 JTG E20—2011 试验规程进行检测。

表 4-8 中海油 90 号基质沥青试验结果

检测指标		单位	检测结果	试验方法
针入度（25℃，100g，5s）		1/10mm	90.5	T0604—2011
软化点（环球法）		℃	43.4	T0606—2011
延度（cm/min，10℃）		cm	＞200	T0605—2011
延度（cm/min，15℃）		cm	＞200	T0605—2011
密度（25℃）		g/cm³	1.001	T0603—2011
闪点（克利夫兰开口杯法）		℃	276	T0611—2011
溶解度（三氯乙烯）		%	98.4	T0607—2011
蜡含量（蒸馏法）		%	2.5	T0615—2011
旋转薄膜加热试验 163℃ 85min	质量损失	%	0.04	T0610—2011
	残留针入度	1/10mm	51.0	T0604—2011
	延度（10℃）	cm	23.4	T0605—2011
	延度（15℃）	cm	147.9	T0605—2011
	针入度比	%	56.4	T0610—2011

结论：
以上所检项目依据 JTG E20—2011 试验规程进行检测。

4.2.2.6　运输条件及费用调查

目前原材料运输方式为公路和铁路，选择合适的运输手段对提高物流效率具有十分重要的意义。运输方式决定原材料的运输成本，可以使用单一运输手段，也可以两种不同的方式结合使用。

1. 运输条件

各种原材料大部分采用汽车运输，个别企业具备铁路运输线路，但铁路运输成本高，受多方面条件限制。新机场所处位置交通道路四通八达，公路网密布，便于汽车运输。

水泥运输主要是供应商提供专用水泥罐车，车辆基本为标准载重；碎石运输主要为社会车辆和碎石生产企业自有车辆，多为超大型吨位车辆（俗称百吨王）；河沙运输主要为社会车辆，由于河道道路所限，车辆吨位较小。

目前，运输市场标准载重运输在没有补贴情况下多数有亏损现象，为了获利，运输公司通过各种手段将车辆加高、加宽，大部分车辆存在超载运输。

2. 公路运输的特点

公路运输的优点：运送速度快，货物损耗少；机动灵活，适应性强，定时性好，运输时间有保证；适于近距离运输，而且近距离运输费用低；可以直接把货物从发货处送到收货处，实行门对门服务。

公路运输的缺点：运输能力小，不适宜运输大宗和长距离货物。

3. 公路运输单价

目前，公路运输单价由过路过桥费、油费、车辆折旧费、车辆保养维修费、人工成本等费用组成，并且受油价、运输距离、行走路线、是否超载等影响。通过现场调查粗略统计公路运输单价如表4-9所示。

表 4-9　公路运输单价表

运费［元/(t·km)］　　　运载 距离(km)	运载方式	
	标载	超载
<100	0.4	0.28
100～200	0.31	0.26
200～300	0.27	0.25

注：表中数据仅作为参考。

4.2.3　调研结论及建议

4.2.3.1　调研结论

此次调研分别对水泥、碎石、砂子、钢材及沥青进行了不同程度的考察。

1. 水泥

（1）原材料质量分析

现今国内水泥生产企业均以普通硅酸盐水泥（普硅水泥）为主要生产产品，生产线更多为适应普硅水泥技术而设计，此次调研了解到金隅和冀东在国家大型工程中高铁等项目均有参与，并采用普硅水泥替代其他水泥在特殊构件中使用，产品质量能满足质量要求。

但根据我们多年来机场工程经验，这些水泥品质并不理想，达不到跑道高抗裂、高耐久的要求。

（2）原材料产量分析

北京周边三家水泥企业年产能力达到5000万t，新机场飞行区道面一期建设使用水泥大约为175万t，航站区使用大约210万t，按两年投入使用计，每年150万t，在一定程度上完全能满足新机场飞行区道面水泥原材料建设使用的需求。

（3）原材料生产企业情况

此次调研走访了水泥企业分别是金隅集团天津振兴水泥厂、唐山冀东水泥股份有限公司唐山分公司、金隅集团北京琉璃河水泥厂。金隅集团和冀东集团均为国有大型上市企业，是北京市场主要水泥供应商，华北地区知名水泥生产企业。上述企业具有完善的管理制度、成套的设备和技术人员、雄厚的资金及较强的资源配置力。

（4）原材料价格

新机场建设周期长达4～5年，建设周期内随着人工费、煤炭、汽油等资源费用价格不断上涨，水泥价格稳步上升。

（5）运输情况

水泥运输主要是供应商提供专用水泥罐车，车辆基本为标准载重，水泥罐车以水泥厂自有车辆和社会雇用运输车辆为主，水泥厂的位置分别处于交通道路附近，便于水泥罐车以最短时间通往运输主干道。从出厂到新机场沿途道路大致有县道、省道、国道、高速公路等道路，个别路段桥梁限载需要绕道。

2. 碎石

（1）原材料质量分析

北京及周边石材大部分为建筑用石灰石、建筑用白云岩，地区不同材质也不同，受石材风化、矿物含量、节理发育等因素决定石材母岩特性。其中以涞水、易县、张家口地区材质较优，符合新机场飞行区道面面层标准要求；三河、玉田、遵化、丰润因矿物含量成分原因，可作为北京新机场飞行区道面基层材料使用。张家口和承德地区分布有玄武岩层，材质较优、岩石分布较均一，母岩特性能满足新机场飞行区工程建设使用。

（2）原材料产量分析

在北京周边生产碎石企业粗略估计有200～300家企业，就三河段甲岭和黄土庄镇碎石加工能力年产能在1200万t以上可作为飞行区工程基层材料使用，涞、易、涿三地碎石加工能力年产2000万t以上，可供应飞行区面层材料使用，还有包括房山、张家口、唐山等地也可作为备选地区，这些地区年产碎石估计在1.5亿t，北京新机场飞行区道面一期建设使用碎石用量大约为2000万t，分三年投入使用，每年不超过700万t，供需比为21.3：1，完全满足北京新机场飞行区道面碎石原材料的需求。

（3）原材料生产企业情况

碎石生产企业全部为私人合资企业，生产规模大小不一，管理水平不高、生产企业技术单一，市场行为较随意，企业资金较单薄，承担风险能力差，但应对市场导向灵活，善于把握扩大规模机会。

（4）原材料价格

通过碎石历史价格曲线，我们分析了北京、张家口、保定、三河等地区碎石价格，价格整体波动较小，各地区情况不同，材料价格涨幅不同，北京碎石价格比较稳定，历史价格曲线及分析表明目前碎石出厂价格为 51 元/t。现场走访了北京及周边等地区，了解到碎石出厂价格为 19～51 元/吨，目前调研生产企业范围距北京新机场运输距离为 80～300km，运输费用为 0.25～0.4 元/（t·km），碎石到厂价格 60～170 元/t，价格会随着产品质量、生产地点、市场供需关系等因素上下波动。但是由于国家对环境保护越来越重视，碎石价格在建设周期内稳步上升。

（5）运输情况

北京及周边碎石生产企业主要运输方式采用汽车运输，个别企业具备铁路运输条件，但铁路运输成本高，受多方面条件限制。目前碎石生产企业外运材料，主要有运输车辆上门采购和生产企业负责联系车队运输两种方式。

碎石生产企业一般地处偏僻矿山中，交通条件差，出厂运输路线需要通过邻近村庄，企业同周边百姓易产生纠纷，影响运输通畅性。符合标准载重车辆可通行高速路，提高运输速度及能力，而国内运输状况超载现象较为常见，多数运输车辆为躲避检查站通行县道、省道等，但在运输线路上最薄弱处为一些县乡道路危桥限载，容易出现交通隐患。

3. 河砂

（1）原材料质量分析

此次调研共走访了张家口地区、易县地区、唐山地区等河砂开采企业，其中，易水地区、唐山遵化地区及张家口洋河地区河砂级配偏细，含泥量偏大，豆石含量偏高；而唐山迁安、张家口清水河西沟支流河砂材质较好，洁净度高，为优质砂源。

首钢尾矿砂是首钢钢厂铁矿石经球磨机加工磁选后的产物，颗粒较均匀，含有一定铁的成分，价格低、产量稳定，与混凝土匹配性有待进一步研究。

（2）原材料产量分析

河砂是新机场指挥部业主考虑的重点，也是本项目考察调研的主要原材料之一。国家对河道整治三令五申，可以合法开采的企业越来越少，河砂资源显得市场供应紧张。通过调研，我们了解到北京周边较丰富砂源地区有涿州、张家口、唐山等地，三地加起来产能年产河砂预计在 5000 万 t，北京新机场飞行区道面一期建设用砂大约为 210 万 t，分三年投入使用，每年不超过 70 万 t，供需比为 71.4∶1，完全满足北京新机场飞行区道面砂子原材料的需求。

（3）原材料生产企业情况

河砂生产企业均为小型作坊式生产单元，入门条件低，生产企业设备单一，投入人员技术水平低，市场行为不规范，私采乱挖现象常有。近年来水利部门通过加大整治力度，采砂行业只对具有经营权企业开放，各地区为争夺采砂利益，不同企业通过各种手段获取开采经营权，采砂行业成为目前建筑材料市场争相涉足的行业。

（4）原材料价格

通过河砂历史价格，我们分析了北京、张家口、保定、唐山等地区河砂价格，价格整体波动较小，各地区情况不同，材料价格涨幅不同，北京碎石价格比较稳定，历史价格曲线分析表明目前砂出厂价格为 67 元/吨。调研企业河砂出厂价格为 38～67 元/吨，目前调研生产企业范围距北京新机场运输距离为 80～300km，运输费用为 0.25～0.4 元/（t·km），河砂到厂价格 75～187 元/吨，价格会随着产品质量、生产地点、市场供需关系等因素上下波动。

（5）运输情况

河砂生产企业主要运输方式采用汽车运输，目前河砂生产企业外运材料，主要有运输车辆上门采购和生产企业负责联系车队运输两种方式。

河砂生产企业一般地处河道边缘，部分河道周边道路通畅，装砂车辆可从河滩路直接通往公路主干道。由于河滩道路承载力差，运砂车辆多为载重吨位较小车辆，可适应各等级道路行驶。

涿州等地区大部分碎石生产企业距高速公路较近，出厂道路通畅，距北京新机场距离为 80～120km 较其他地区具有运距短的优势，张家口和唐山等地区河砂运输线距北京新机场距离约为 300km，运输线路较长。

北京及周边地区具有发达的高速、省道、国道等各等级道路，道路路况良好，路政管理规范有序，便于汽车运输。现有运输车辆为企业自有车辆和社会车辆两种组成方式，目前运输市场不超载很难获取利润，导致运输行业超载现象十分普遍。

4. 其他

生产钢材、沥青原材料均为大型企业，生产工艺先进，质量可靠，能够保证飞行区建设使用。碎石、河砂生产企业水平、层次不一，规模大小不一，企业管理良莠不齐，产品质量差异性较大，合格优质产品地域分布比较明显。

钢材及沥青等原材料在北京周边有比较稳定的供货渠道，而且材质能够保证，能够满足北京新机场飞行区一期建设之需。

钢材、沥青等基础设施建材价格受国家宏观政策、人工成本、油价、煤炭价格等波动影响，总体价格呈周期性波动逐年上升趋势。

4.2.3.2 有关建议

为切实保障新机场建设工程原材料保质保量、价格合理的供应，以及基于工期进度、工程造价等因素的考虑，对原材料采购等工作建议如下：

（1）水泥、钢材、沥青质量有保障，建议由施工单位自行采购；指挥部控制质量、品牌等采购范围，并选定质量检测单位；检测单位定期、定量地对原材料进行抽检，进行质量控制。

（2）目前建筑材料市场中砂、石质量层次不一，为保证工程质量，应对砂石作为重点控制对象。由于砂、石生产企业及交通运输经营者为私营企业者，行业行为不规范，运输条件不可控，故建议砂、石原材料由施工方自行采购，指挥部加强对材料质量控制。

（3）新机场飞行区道面工程用混凝土多为干硬性混凝土，建议合理划分施工标段，保障均衡施工，自行建混凝土搅拌站，集中搅拌；并建议指挥部建立新机场建设数字化信息系统，以便于对产品质量及施工过程的控制。

（4）由于原材料采购总量很大，河砂受汛期的影响，碎石开采也分淡旺季，建议砂、石采购在淡季期进行备料储备。

（5）为响应国家绿色节能环保政策，在原材料生产、供应过程中尽量采取必要的节能环保措施，比如，基层建设可利用钢厂尾矿砂替代部分河砂，既废物利用，减少对环境破坏，又可以减少占用土地资源。

4.3　第二次原材料调研（砂石料）

按照指挥部领导的要求，从 2014 年 11 月 2 日至 11 月 18 日，我们在新机场中心实验室主任杨文科带领下，行程共计 7d，走遍了从秦皇岛到怀来 600 多千米范围内的各个砂石料厂，共计调查砂石料厂 37 个，主要从天然砂、山皮石、天然砂砾、碎石等原材料的数量、质量和运输方式几方面进行了细致的工作，对北京及周边地区的砂石料情况有了全面的了解，取得较为丰富的成果。

本次调研的目的，一是距离上次调研已经三年多了，看看各种材料的生产供应情况，包括产量、运输、价格有没有变化？二是通过上次的调研，优选条件适合的几家重点供应商再次进行有目的的调研。

4.3.1　碎石

北京周边碎石供应主要为涞水、易县、怀来三地，张家口也有少量供应。碎石的数量和质量对于保障北京新机场建设不存在问题。其中，涞水、易县的碎石以石灰岩为主，运输方式为公路运输，距离 90km 左右，到新机场大概价位为每吨 70 元，如图 4-71 所示；怀来的碎石以片麻岩为主，距离 170km 左右，运输方式如果为火车运输，到新机场大概价位为每吨 85 元，如图 4-72 所示。张家口碎石为玄武岩，品质良好，距新机场 280km，火车运输，到新机场大概价位为每吨 120 元。

总体来说，北京周边的涞水、易县、怀来三地碎石的数量和质量对于保障北京新机场建设不存在问题。张家口由于运距较远，价格较高，可以不考虑。

4.3.2　天然砂

由于考虑到质量和数量都存在一定的问题，天然砂是本次调研的重点，本次主要调研了永定河、东北绥中、怀来洋河、秦皇岛青龙河、拒马河以及中易水河六个地方的天然砂。

4.3.2.1　永定河砂

由于永定河距离新机场最近。本次调查工作做得更为详细。我们采用了现场踏勘和钻探的方法，在离北京新机场场址最近的上下游约 30km 河道中进行了调研，共打孔 30 余个，每孔深 15m，如图 4-73～图 4-76 所示。结果表明永定河河道表层 3m 左右为粉细砂，越往下，砂越细。砂细度不符合民航场道工程用砂标准。因此，我们认为永定河不能成为北京新机场砂的来源地。

图 4-71　涞水、易县碎石

图 4-72 怀来碎石

图 4-73 永定河北京西南部河道上游

图 4-74 永定河北京西南部河道中游

图 4-75 永定河北京西南部河道下游

图 4-76 永定河现场钻探情况（一）

图 4-76　永定河现场钻探情况（二）

4.3.2.2　东北绥中河砂

　　东北绥中河砂采用轮船运达天津汉沽港口，此河砂在天津机场场道工程中使用过，细度模数 2.5，品质良好，达到规范和使用要求，如图 4-77 所示。在汉沽港口出场价每吨 55 元左右，距离北京新机场约 150km，用公路运输到北京新机场每吨约 115 元，用火车运输到北京新机场每吨约 106 元。

图 4-77　绥中河砂

4.3.2.3　怀来洋河砂

　　洋河位于怀来县官厅水库上游，由于河道疏浚，产生大量河砂，年产量可达 1000 万 t，取样检测细度模数可以达到 2.3，通过水洗还能进一步提高，含泥量低于 2%，非常洁净，如图 4-78 所示。距北京新机场 170km。可以采用火车运输，到场价约每吨 85 元。

图 4-78　怀来洋河砂（一）

图 4-78　怀来洋河砂（二）

4.3.2.4　拒马河砂

拒马河砂细度小，含泥量大，且河道无水洗砂，细度模数 1.9 左右，不能满足民航规范要求，如图 4-79 所示。且现在当地政府出于环境保护需求禁止开采。距离北京新机场约 80km，只有公路运输。到北京新机场每吨约 67 元。

4.3.2.5　中易水河砂

中易水河砂产量较大，砂细度模数 1.9 左右，含泥量大，不能满足民航规范要求，如图 4-80 所示。距离北京新机场约 110km，只有公路运输。到北京新机场每吨约 79 元。

4.3.2.6　青龙河砂

该地区砂源较丰富，青龙河砂质比较好，细度模数 2.7 左右，含泥量 2% 以下，如图 4-81所示。年产量大约在 500 万 t，距新机场 280km 左右，运距较远。可以采用火车运输，到场价约每吨 112 元。

图 4-79　拒马河砂（一）

图 4-79　拒马河砂（二）

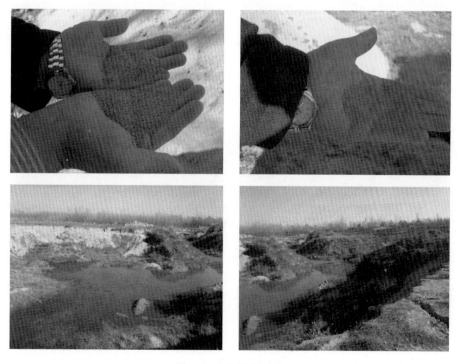

图 4-80　中易水河砂

图 4-81　青龙河砂

总体上说，永定河、拒马河、中易水河砂都是北京房建市场上的主要砂源，但经我们本次调查，这三处砂源都不满足民航规范要求，青龙河砂质量最好，但运距远，价格最高。

4.3.3　山皮石

涞水地区、怀来地区碎石生产厂家均有山皮石产出，但是每一家的产量都很小，且需要专门修路把其运输下山，使得价格高，与当地碎石价格相当。

总体来说，经过本次调查，山皮石基本无来源。

4.3.4　运输方式调研结果

通过和铁路货运部门沟通得知，在北京新机场场址周边 15km 范围内有矿石运输专用线。同时，在调研过程中，怀来和秦皇岛地区的砂石生产厂家均表示已经和当地铁路部门达成了合作协议，可以采用铁路运输的方式为北京新机场工程建设运输原材料，由此砂石原材料的运输费用和整体价格将有较大的下降。

4.3.5　问题及建议

（1）山皮石数量少，需修建生产专用道路，实际价格有时甚至比碎石还高。这是本次调查发现的一个最大的问题。但我们同时发现在河北涞水拒马河流域有大量优质砂砾石，如图 4-82 所示，但需要协调当地政府允许生产厂家开采。建议联合设计单位修改设计，采用砂砾石代替山皮石，甚至可以部分替代基层碎石。这样不仅解决了山皮石的来源问题，还可以大大降低工程成本。

（2）怀来洋河砂以及拒马河砂砾石采用河道疏浚的方式能够开采出北京新机场所需原材料，节约投资的同时，保护了环境，与北京新机场绿色机场的理念完全吻合。因此，需要指挥部和地方政府进行协调。

（3）为了减少原材料的运输费用，需要指挥部和铁路部门进行沟通和协调，使得新机场场址周边的其他专用铁路线能够为原材料的运输提供有力支持。

4.3.6　试验与研究

通过这次调查，我们对北京及周边地区的砂石料情况有了全面的了解，为了保证新机场工程的进度和质量，我们认为应该立即开展以下的试验与研究工作。

（1）永定河虽然为粉细砂，但一直是北京建筑市场上的主要砂源，建议立即进行永定河砂在新机场房建、工作区等次要道路上的应用研究，以降低工程成本。

（2）如铁路运输问题协调不了，砂子的运输成本将大幅上升，所以建议启动机制砂在道面混凝土中的运用研究。特别是可以考虑在围场路、场区道路等次要路面上采用机制砂来降低成本。

（3）建议立即启动天然砂砾石替代山皮石、水泥稳定砂砾替代水泥稳定碎石的专项试验研究。

图 4-82　拒马河天然砂砾石

4.3.7　本次调研的成果

（1）通过调研表明在北京新机场附近存在货场和铁路货运专用线，解决了铁路运输的问题，使得原材料的可用范围扩大。

（2）永定河河道不存在符合民航场道工程要求的天然砂。

（3）涞水拒马河流域发现的天然砂砾石可以弥补山皮石不足的问题。

（4）通过和地方政府的协调，可以采用疏浚河道的方式开采天然砂和砂砾石，在取得良好经济效益同时，又保护了环境。

4.4　第三次原材料调研（水泥和钢材）

4.4.1　水泥调研

从 2015 年 1 月份开始，我们陆续考察了金隅琉璃河水泥厂、冀东三友水泥厂和唐山鸿泰水泥厂（图 4-83）。

金隅琉璃河水泥厂 冀东三友水泥厂 唐山鸿泰水泥厂

图 4-83　三家水泥厂

金隅琉璃河水泥厂拥有 2500t/d 熟料窑外分解窑生产线两条，年产量 300 万 t，距离新机场 37km；冀东三友水泥厂拥有 2500t/d 和 4500t/d 熟料窑外分解窑生产线各一条，年产量 300 万 t，距离新机场 180km；唐山鸿泰水泥厂拥有 4000t/d 熟料窑外分解窑生产线一条，年产量 200 万 t，距离新机场 170km；我们要求三家水泥厂按照民航规范对水泥的要求提供样品，然后做了相应试验。

1. 三家水泥厂水泥试验结果

三家水泥厂水泥试验结果见表 4-10～表 4-12。

2. 三家水泥熟料矿物成分指标

三家水泥熟料矿物成分指标如表 4-13 所示。

表 4-10　金隅琉璃河水泥厂水泥物化性能试验结果

检验项目		计量单位	标准要求	实测值 P·O 42.5	
初凝时间		时：分	≥0：45	3：12	
终凝时间		时：分	硅酸盐水泥≤6：30 普通硅酸盐水泥≤10：00	4：15	
标准稠度		%	—	25.8	
细度		%	—	0.56	
抗折强度	3d	MPa	硅酸盐水泥≥3.5 普通硅酸盐水泥≥3.5	6.0 5.6 5.8	5.8
	28d	MPa	硅酸盐水泥≥6.5 普通硅酸盐水泥≥6.5	8.7 9.0 8.5	8.7
抗压强度	3d	MPa	硅酸盐水泥≥17.0 普通硅酸盐水泥≥16.0	26.3 26.7 27.4 23.5 25.5 26.4	26.0
	28d	MPa	硅酸盐水泥≥42.5 普通硅酸盐水泥≥42.5	51.1 50.2 47.7 49.1 45.7 45.1	48.2
其他			氧化镁含量3.09%、三氧化硫含量2.79%、 游离氧化钙0.87%、碱含量0.56%、28d干缩率0.07%		

表 4-11　冀东三友水泥厂水泥物化性能试验结果

检验项目		计量单位	标准要求	实测值 P·O 42.5	
初凝时间		时：分	≥0：45	2：55	
终凝时间		时：分	硅酸盐水泥≤6：30 普通硅酸盐水泥≤10：00	3：15	
标准稠度		%	—	25.8	
细度		%	—	0.56	
抗折强度	3d	MPa	硅酸盐水泥≥3.5 普通硅酸盐水泥≥3.5	6.0 5.6 5.8	5.8

检验项目		计量单位	标准要求	实测值	
				P·O 42.5	
抗折强度	28d	MPa	硅酸盐水泥≥6.5 普通硅酸盐水泥≥6.5	8.7	8.8
				9.0	
				8.8	
抗压强度	3d	MPa	硅酸盐水泥≥17.0 普通硅酸盐水泥≥16.0	30.3	29.0
				29.7	
				28.4	
				29.5	
				29.5	
				26.4	
	28d	MPa	硅酸盐水泥≥42.5 普通硅酸盐水泥≥42.5	51.1	52.2
				53.2	
				52.7	
				51.1	
				53.7	
				53.1	
其他			氧化镁含量 2.09%、三氧化硫含量 3.0%、 游离氧化钙 0.86%、碱含量 0.58%、28d 干缩率 0.09%		

表 4-12　唐山鸿泰水泥厂水泥物化性能试验结果

检验项目		计量单位	标准要求	实测值	
				P·O 42.5	
初凝时间		时：分	≥0：45	3：02	
终凝时间		时：分	硅酸盐水泥≤6：30 普通硅酸盐水泥≤10：00	3：55	
标准稠度		%	—	29.8	
细度		%		0.62	
抗折强度	3d	MPa	硅酸盐水泥≥3.5 普通硅酸盐水泥≥3.5	6.0	5.8
				5.6	
				5.8	
	28d	MPa	硅酸盐水泥≥6.5 普通硅酸盐水泥≥6.5	9.2	9.0
				9.0	
				8.8	
抗压强度	3d	MPa	硅酸盐水泥≥17.0 普通硅酸盐水泥≥16.0	26.3	31.0
				26.7	
				27.4	
				23.5	

续表

检验项目		计量单位	标准要求	实测值	
				P·O 42.5	
抗压强度	3d	MPa	硅酸盐水泥≥17.0 普通硅酸盐水泥≥16.0	25.5	31.0
				26.4	
	28d	MPa	硅酸盐水泥≥42.5 普通硅酸盐水泥≥42.5	51.1	53.2
				54.2	
				52.7	
				53.1	
				53.7	
				53.1	
其他			氧化镁含量4.0%、三氧化硫含量3.19%、 游离氧化钙0.86%、碱含量0.57%、28d干缩率0.1%		

表 4-13　三家水泥熟料矿物成分指标

	C_3S (%)	C_2S (%)	C_3A (%)	C_4AF (%)	比表面积 (m²/kg)
琉璃河	52	24	7.1	14	352
三友	56	19	7.8	12	365
鸿泰	57	18	7.6	12	371

3. 三家水泥配合比试验

碎石选用涞水产石灰岩碎石；砂选用河北卢龙产水洗河砂。河砂的级配及细度模数见表 4-14～表 4-18 和图 4-84。

表 4-14　河砂的级配及细度模数

孔径 (mm)	第一次			第二次			级配要求Ⅱ区	级配要求Ⅰ区
	分计筛余量g	分计筛余%	累计筛余(%)	分计筛余量g	分计筛余%	累计筛余(%)		
4.75	42	8.4	8.4	39	7.8	7.8	—	—
2.36	76	15.5	23.6	79	15.8	23.6	—	—
1.18	74	14.8	38.4	78	15.6	39.2	10～50	35～65
0.6	86	17.2	55.6	84	16.8	56.0	41～70	71～85
0.3	171	34.2	89.8	169	33.8	89.8	70～92	80～95
0.15	41	8.2	98.0	40	8.0	97.8	90～100	90～100
筛底	8	1.6		9	1.8		—	—
细度模数		2.88			2.90			2.9

表 4-15 砂的物化标准与试验结果表
(MH 5006—2002)

规范要求	产地：秦皇岛卢龙		检测结果
细度模数 μ_f	2.6~3.2		2.9
含泥量(%)	≤3.0		2.7
泥块含量(%)	≤1.0		0.7
碱活性(%)	非活性		碱活性无潜在危害
表观密度(kN/m³)	—		2770
堆积密度(kN/m³)	—		1520

表 4-16 琉璃河水泥配合比

每立方米混凝土各种材料用量(kg)					
水泥	砂	碎石(mm)		水	外加剂
		20~40	5~20		
320	657	837	558	128	2%

混凝土性能试验结果

性能指标		
拌合物流动性	坍落度(cm)	3mm
	维勃稠度(s)	19
抗折强度	28天抗折强度(MPa)	5.8
混凝土抗冻融循环次数		350

表 4-17 三友水泥配合比

每立方米混凝土各种材料用量(kg)					
水泥	砂	碎石(mm)		水	外加剂
		20~40	5~20		
320	657	837	558	128	2%

混凝土性能试验结果

性能指标		
拌合物流动性	坍落度(cm)	2mm
	维勃稠度(s)	20
抗折强度	28天抗折强度(MPa)	6.0
混凝土抗冻融循环次数		345

表 4-18 鸿泰水泥配合比

每立方米混凝土各种材料用量(kg)					
水泥	砂	碎石(mm)		水	外加剂
		20~40	5~20		
320	657	837	558	128	2%

混凝土性能试验结果

性能指标		
拌合物流动性	坍落度(cm)	2mm
	维勃稠度(s)	22
抗折强度	28天抗折强度(MPa)	6.1
混凝土抗冻融循环次数		335

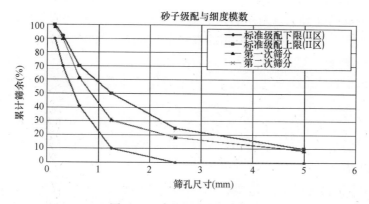

图 4-84 砂子级配及细度模数

经试验我们认为，三家水泥质量指标全部达到民航规范要求的各项指标，但部分指标使用时还得做适当调整。

4. 水泥来源确定

根据我们长期的施工经验，本次我们和金隅集团琉璃河水泥厂达成协议，合作生产接近我们理想的 P·O 42.5 级水泥。生产过程及质量要求详见第 5 章内容。

结果测试：北京市琉璃河水泥有限公司质量部和中国民航场道工程科研基地及国家水泥质量监督检验中心三家单位对水泥进行检验，结果达到预期效果，各项性能符合相关标准要求。尤其干缩率降到 0.064%，耐磨性达到 2.03kg/m²。试验充分体现出了高性能水泥的优越性能，即颜色正、长期强度高、无裂缝。

5. 水泥价格调查

2013 年对北京市场水泥价格进行调查，调查信息见表 4-19。

表 4-19　北京水泥历史价格信息表

序号	材料名称	规格型号及特征	单位	市场价格（元）				发布月份	备注
				2009	2010	2011	2012		
1	普通硅酸盐水泥	P·O 42.5 级散装	t		420	500	550	1	
2	普通硅酸盐水泥	P·O 42.5 级散装	t		420	500	550	2	
3	普通硅酸盐水泥	P·O 42.5 级散装	t	435	420	500	550	3	
4	普通硅酸盐水泥	P·O 42.5 级散装	t	420	420	600	570	4	
5	普通硅酸盐水泥	P·O 42.5 级散装	t	435	440	600	570	5	
6	普通硅酸盐水泥	P·O 42.5 级散装	t	420	440	600	570	6	
7	普通硅酸盐水泥	P·O 42.5 级散装	t	435	440	600	370	7	
8	普通硅酸盐水泥	P·O 42.5 级散装	t	420	440	600		8	
9	普通硅酸盐水泥	P·O 42.5 级散装	t	420	440	550		9	
10	普通硅酸盐水泥	P·O 42.5 级散装	t	420	440	550		10	
11	普通硅酸盐水泥	P·O 42.5 级散装	t	420	450	550		11	
12	普通硅酸盐水泥	P·O 42.5 级散装	t	435	500	550		12	
平均				426	440	560			

本次对水泥价格进行了重新调查，2015 年开市未迎来开门红，之后便是价格大跌，京津两地金隅和冀东 5 月份之前 P·O 42.5 级散装到位价 260～300 元/t。6～8 月在水泥使用高峰时段一度降到 220 元/t（唐山民营水泥甚至降到 180 元/t）。后又回调到 280～310 元/t。唐山鸿泰调到 230～250 元/t。根据我们的经验，低碱水泥比普通水泥还要高 19 元左右。

我们的水泥大量使用从 2016 年开始，2017 年也是高峰。由于新机场和配套的高铁、地铁、高速公路的全面开工，金隅和冀东的合并，我们预计水泥价格还有上调的可能，但调多少是市场供需关系的事，很难预测。

各单位 2014 年投标时道面用水泥价格约是 380 元/t，相比往年的价格要稍高，但2016 年水泥的价格，我们认为还有可能上升。

4.4.2　钢材调研

目前，北京周边钢厂主要集中在首钢、唐钢、邯钢等钢铁生产企业，产能完全能够满足北京新机场飞行区道面钢材用量的需求。

"我的钢铁网"

北京金属材料流通行业协会、兰格钢铁网、兰格钢铁云商平台共同主办的"我的钢铁网"北京地区钢铁销售行业集中度则继续提升，而钢铁电商在钢铁流通所占的比率继续提升，已经成为主要的销售流通方式。也就是，用户直接根据网上的统一信息，上网购买，基本上是网上价格加运费（图4-85）。

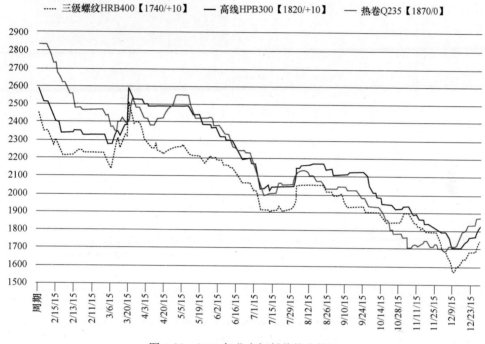

图 4-85　2015 年北京钢材价格走势图

螺纹钢价格：年初北京地区三级螺纹钢价格 2500 元/t 左右，从 1 月开始就快速下跌，跌幅达到 300 元左右，这跟上海地区的基本同步，说明在大环境中，想独善其身是不可能的，进入 2 月份由于春节的原因，钢材价格一潭死水。春节后，终端需求带动了建材价格的快速反弹，建材价格一度收复失地，达到了全年的最高点，不过在大环境的带动下，进入 4 月份建材价格快速跳水，至 5 月中下旬已经基本将涨幅消灭殆尽。在 6 月份的暴跌中，北京地区钢材价格也创下了半年以来的新低，三级螺纹钢领跌各品种。

由于华北地区钢厂众多，产能较为集中，这也使得 7 月份的钢材价格反弹行情显得绵软无力，进入金九银十后，此次钢材价格没有再给人们希望，钢材价格屡屡创下新低。至 12 月初，由于天气原因及终端需求迅速减少，北京地区钢材价格迅速下跌创历年来新低，三级螺纹钢材一度跌破 1600 元/吨，随后价格有所反弹回暖。

6 月 27 日北京"我的钢铁网"公布的价格如图 4-86 所示。

进入 7 月，土建钢筋价格打破常规，迎来了"涨"声一片。图 4-87 所示是 7 月 14 日北京"我的钢铁网"公布的价格。

同样，飞行区的钢材大量使用从 2016 年开始，2017 年也是高峰。由于新机场和配套的高铁、地铁、高速公路的全面开工，2017 年价格会有调整，但调多少是市场供需关系

今日钢筋线材价格是多少			
线材	材质	规格	价格
	HPB300	Φ6.5~10mm	2580(元/吨)
		Φ12mm	2680(元/吨)
螺纹钢	材质	规格	价格
	HRB400E	Φ12~14mm	2320(元/吨)
		Φ16mm	2350(元/吨)
		Φ18mm	2180(元/吨)
		Φ20mm	2140(元/吨)
		Φ22mm	2090(元/吨)
		Φ25mm	2140(元/吨)
		Φ28~32mm	2200(元/吨)
		Φ8~10mm	2310(元/吨)

北京某钢铁公司

咨询热线 136×××××××

图 4-86　6 月 27 日钢材价格

今日北京市场土建钢筋价格是多少						
HRB400E钢筋	价格	米数	钢厂	HRB500E钢筋	价格	米数
φ12mm	2620(元/吨)			φ12mm	2840(元/吨)	
φ14mm	2610(元/吨)			φ14mm	2830(元/吨)	
φ16mm	2600(元/吨)		唐钢、宣钢、承钢	φ16mm	2820(元/吨)	
φ18~25mm	2570(元/吨)	12m		φ18~25mm	2790(元/吨)	12m
φ28mm	2540(元/吨)			φ28mm	2760(元/吨)	
φ32mm	2490(元/吨)			φ32mm	2710(元/吨)	
φ36~40mm	2750(元/吨)			φ8~10mm	2850(元/吨)	
φ8~10mm	2630(元/吨)			某钢铁公司136136×××××××		

图 4-87　7 月 14 日钢材价格

的事，很难预测。

各单位 2014 年投标时钢材价格约为 3700 元/t，相比往年的价格要稍微高点，和目前的市场价格相比，各单位还有相当的利润空间，由于机场周边配套工程的需要，钢筋市场价格 2016 年、2017 年将可能有所上涨，但涨多少很难预测。

4.4.3　结论与建议

（1）三家水泥全部达到民航规范要求的各项指标，但部分指标使用时还得做适当调整。

（2）北京地区钢材供应充足质量稳定，能够满足机场建设需要。

（3）建议指挥部组织施工监理对和田、海拉尔机场进行考察。

第5章 水 泥 研 制

为了在北京新机场实现无裂缝施工，我们下的最大的决心就是研制生产高性能的抗裂水泥。

在现代混凝土中，裂缝是难度最大、最复杂、牵涉面最广的一个问题，混凝土构件，从设计、原材料加工、配合比选用、施工，到使用环境都存在产生裂缝的因素，要想控制甚至消灭工程结构中的裂缝，难度很大。

对一个施工现场的工程师来说，为了消除裂缝，做出真正的质量一流，耐久性可靠的工程，可以对砂石料和配合比选用、施工、使用环境等裂缝产生的因素进行控制。唯独水泥，可能因不属于本行业，其生产过程中形成对裂缝产生的因素很难控制。

生产一种抗裂水泥是解决裂缝问题的关键一步。1999 年，在距离美国西海岸约 4000km 的太平洋 Kaua'i 小岛上要建造一座设计使用 1000 年的观光用庙宇，P. K. Mehta 对其大型基础所采用的水泥熟料中 C_3S 为 14%，C_3A 为 1%，再配以优质粉煤灰，取得优异的效果。可见，有高耐久性要求的混凝土确实要有突破现状的水泥。为了使北京新机场的混凝土工程质量达到一个新水平、新高度，真正做到耐久性超百年，我们在美国优秀工程师伯罗斯所著《混凝土的可见与不可见裂缝》启发下，总结自己几十年来的正反两方面工程技术经验，对水泥生产的每个环节进行精心的研究和设计，生产出了新的、同时完全符合国家 P·O 42.5 级水泥标准的，可以大幅度减少甚至消灭工程结构裂缝的抗裂水泥。该水泥除了大幅度降低了 C_3S、C_3A 含量和比表面积外，主要有以下四个特点：

（1）科学设计水泥颗粒的级配；

（2）根据不同工程特点，把混合材掺量使用到最佳；

（3）大幅度降低了 3 天强度；

（4）较大幅度地降低需水量。

5.1 生产过程

为了达到解决混凝土的收缩、裂缝和耐久性问题的目的，我们认真研究了针对现代水泥生产工艺和琉璃河水泥厂的情况，提出了 14 项需要改进的技术措施。

（1）燕山山脉石灰岩普遍碱含量偏高，为 0.6%~1%，水泥碱含量高就会增加收缩和开裂的风险，所以，必须选取碱含量最低的石灰石生产本水泥，本次水泥生产选取的石灰石碱含量不大于 0.3%；

（2）生料配料采用高铁配料；

（3）窑外预分解工艺增加了水泥碱含量，本次采用了旁路放风新工艺；

（4）对煅烧工艺进行适当调整，以有利于 C_2S 的形成；

（5）C_3A 过大会增大水泥早期的水化热和干收缩，本次降低到 5% 以下；

（6）将 C_3S 含量降低到 50% 以下；

（7）圈流磨和高效选择粉机会破坏水泥的颗粒级配，采取措施消除；

（8）将水泥比表面积控制在 $330\pm20\mathrm{m^2/kg}$；

（9）严禁使用助磨剂；

（10）采用优质石膏，并在优化掺量时，除控制凝结时间以外，还考虑强度的发展和体积稳定性以及外加剂的相容性；

（11）水泥的细颗粒对收缩影响较大，采取措施进行调整（具体措施保密）；

（12）水泥的终凝时间控制在 4.5 小时以内，标准稠度用水量降低到 25％以下，3d 强度不大于 22MPa，28d 强度不大于 50MPa，60d 强度为 55～60MPa；

（13）调整混合材掺量，以利于用户试配用，并控制混凝土的干缩；

（14）在不影响安定性的前提下，适当提高 MgO 含量，以减小混凝土干缩，并提高混凝土表面的镜面感和石质感及颜色。

根据以上设计，北京金隅集团琉璃河水泥厂于 2015 年 11 月 7 日成立了技术攻关组，2016 年 1 月 6 日、15 日两次进行了试生产，2017 年 1 月 27 日对水泥的各项技术指标进行测试。

各项参数见表 5-1、表 5-2。

表 5-1 主要原材料质量指标要求

产品名称	主要质量指标要求			检验依据
石灰石	CaO≥48.0％	2.0％≤MgO≤4.0％	R_2O≤0.30％	GB/T 5762—2012
铁质原料	Fe_2O_3≥30.0％	R_2O≤0.70％		JC/T 850—2009
硅质原料	SiO_2≥85.0％	R_2O≤0.60％		JC/T 874—2009
铝质原料	Al_2O_3≥30.0％	R_2O≤0.80％		GB/T 1596—2017
原煤	$Q_{net,ar}$≥23000kJ/kg	$S_{t,d}$≤0.40％		GB/T 214—2007
石膏	SO_3≥40.0％	R_2O≤0.30％	Cl^-≤0.2％	GB/T 21371—2008
矿渣粉	活性指数≥95％	烧失量≤1.0％	SO_3≤1.0％	GB/T 18046—2017
粉煤灰	活性指数≥70％	R_2O≤1.20％ 烧失量≤5.0％ 游离钙≤3.0％		GB/T 1596—2017

表 5-2 原材料配比（％）

物料	石灰石	铝质原料	硅质原料	铁质原料
比率	86.9	1.3	2.8	9.0

煅烧过程中重点控制项目见表 5-3。

表 5-3 煅烧过程中重点控制项目

项目	R_2O	f-CaO	C_2S	C_3A
指标	<0.60％	<1.00％	≥25.0％	≤4.0％

粉磨中过程中重点控制项目见表 5-4。

表 5-4 粉磨中过程中重点控制项目

项目	MgO（％）	R_2O（％）	f-CaO（％）	SO_3（％）	比表面积（$\mathrm{m^2/kg}$）	掺加量（％）
指标	<5.00；≥3.50	<0.60	<1.00	2.50±0.20	345±15	8.0±2.0

熟料中化学成分见表 5-5、表 5-6。

表 5-5　熟料率值及矿物成分

KH	N	P	C_3S	C_2S	C_3A	C_4AF
0.877	2.32	0.96	49.33	25.26	2.22	16.31

表 5-6　实测水泥颗粒分布

粒径 (μm)	微分分布 (%)	累积分布 (%)	粒径 (μm)	微分分布 (%)	累积分布 (%)	粒径 (μm)	微分分布 (%)	累积分布 (%)
0.20			2.89	2.77	5.85	41.80	11.03	85.14
0.24	0.01	0.01	3.00	0.46	6.31	50.60	6.13	91.27
0.29	0.01	0.02	4.90	4.41	10.72	61.30	4.63	95.90
0.35	0.01	0.03	5.13	4.73	15.45	65.00	1.00	96.90
0.43	0.02	0.05	6.21	3.05	18.50	80.00	2.31	99.21
0.52	0.02	0.07	7.51	2.81	21.31	108.60	0.79	99.99
0.63	0.02	0.09	8.00	0.95	22.26	131.50	0.00	100.00
0.76	0.34	0.44	11.00	6.39	28.65	159.10	0.00	100.00
0.92	0.38	0.82	13.31	5.83	34.49	192.60	0.00	100.00
1.00	0.20	1.02	16.00	6.49	40.97	233.10	0.00	100.00
1.35	0.89	1.91	19.50	8.03	49.00	282.10	0.00	100.00
1.63	0.58	2.49	23.60	9.36	58.36	341.40	0.00	100.00
1.97	0.55	3.04	28.56	10.07	68.43	413.10	0.00	100.00
2.00	0.04	3.08	32.00	5.68	74.11	500.00	0.00	100.00

5.2　研究内容

对普通硅酸盐水泥和优化后的抗裂普通硅酸盐水泥进行混凝土工作性、强度、耐久性进行对比试验研究，出具抗裂水泥的应用方案。

5.2.1　技术原理

提出抗裂普通硅酸盐水泥改进混凝土性能的技术原理，即用抗裂普通硅酸盐水泥早期水化热低、需水量小、后期水化活性好的特点，改善硬化后混凝土的孔结构，提高密实度，最大限度地降低早期收缩开裂倾向。

5.2.2　水泥熟料技术指标

抗裂水泥设计指标见表 5-7。

表 5-7　抗裂水泥设计指标

指标	SO_3	C_3S	C_2S	C_3A	C_4AF	f-CaO
含量(%)	2.5~3.0	50~55	18~25	≤4	≥15	≤1.5

5.2.3 混凝土设计及其抗压强度发展规律

对采用水泥、不同种类矿物掺合料的多元复合胶凝材料进行研究，设计一系列不同强度等级、采用不同矿物掺合料的混凝土配合比，研究其工作性变化、强度发展规律。

5.3 原材料及试验方法

5.3.1 原材料

（1）熟料矿物相分析（表5-8）。

表5-8 熟料矿物相组成

熟料品种	熟料矿物相（%）			
	C_3S	C_2S	C_3A	C_4AF
L（普通）	56.29	18.56	8.48	9.36
K（抗裂）	50.42	24.18	1.58	17.04
K/L	0.90	1.30	0.19	1.82

（2）混合材化学成分分析（表5-9）。

表5-9 混合材化学成分

材料	S（m²/kg）	45μm筛余%	化学成分（%）													活性指数（%）	
			LOI	SiO_2	Al_2O_3	Fe_2O_3	CaO	MgO	K_2O	Na_2O	SO_3	Cl^-	TiO_2	MnO	f-CaO	7d	28d
矿渣粉	421		0.76	31.58	15.59	0.75	39.04	9.04	0.48	0.47	0.30	0.030	1.62	0.23	—	86	100
粉煤灰		8.5	2.10	51.06	33.69	5.66	4.35	0.44	1.04	0.50	0.99	—	—	0.03	—	65	71

成分	LOI	SiO_2	Al_2O_3	Fe_2O_3	CaO	MgO	K_2O	Na_2O	f-CaO	合计
比率	0.22	21.78	4.44	5.04	62.99	3.68	0.60	0.14	0.68	99.53

原材料配料

物料	石灰石	铝质原料	硅质原料	铁质原料
比率	86.9	1.3	2.8	9.0

（3）水泥化学成分分析及物理性能测试（表5-10、表5-11）。

表5-10 水泥化学组成

水泥品种	水泥的化学成分（%）									
	LOI	SiO_2	Al_2O_3	Fe_2O_3	CaO	MgO	K_2O	Na_2O	SO_3	Cl^-
L	1.12	23.01	6.70	2.62	55.55	4.21	0.59	0.15	2.48	0.019
K	1.03	20.75	4.31	5.49	58.16	4.46	0.54	0.11	2.31	0.021

表 5-11　水泥物理指标

水泥品种	水泥的物理指标										
	比表面积 (m²/kg)	筛余(%)		标准稠度用水量 (%)	凝结时间 (min)		安定性	水泥胶砂强度 (MPa)				
		80μm	45μm		初凝	终凝		3 天	7 天	28 天	60 天	90 天
L	340	0.4	6.7	27.20	165	226	A	26.1	29.3	48.5	58.1	57.3
K	326	0.2	2.6	24.80	170	232	A	22.4	28.4	47.8	59.8	62.5

（4）砂石料。

砂：中砂，细度模数 2.8；

石子：5～10 粒级与 9.5～16 粒级按比例 1：3 级配。

5.3.2　试验方法

（1）采用 L、K 水泥配制混凝土，进行系列正交试验测试（工作性＋强度），正交试验设计见表 5-12、表 5-13；

（2）水化热测试对比；

（3）对 L、K 水泥配制混凝土进行耐久性测试。

表 5-12　混凝土配合比设计（一）

设计编号	W/C	粉煤灰	矿渣粉	砂率						
1	0.38	0	0	42						
2	0.4	65	45	43						
3	0.42	130	90	44			聚羧酸减水剂掺量(%)		流出时间(s)	
试配编号	W/C	粉煤灰	矿渣粉	砂率	胶材总量	水泥	L	K	L	K
1	0.38	130	90	42	390	170	1.73	1.21	14	9.2
2	0.38	65	45	43	390	280	2.05	1.54	14.8	10.85
3	**0.38**	**0**	**0**	**44**	**390**	**390**	**2.95**	**2.31**	**10**	**5.8**
4	0.4	130	45	44	390	215	1.79	1.15	15.8	7.9
5	0.4	65	0	42	390	325	2.05	1.41	18.5	6
6	0.4	0	90	43	390	300	2.44	1.67	17.6	10.6
7	0.42	130	0	43	390	260	1.54	1.03	9.4	4
8	0.42	65	90	44	390	235	1.67	1.15	8	6
9	0.42	0	45	42	390	345	1.92	1.47	12	6

表 5-13　混凝土配合比设计（二）

设计编号	W/C	粉煤灰	矿粉	砂率				
1	**0.3**	**90**	**60**	**36**				
2	0.32	120	90	38				
3	0.34	150	120	40			PC掺量(%)	流出时间(s)

续表

试配编号	W/C	粉煤灰	矿粉	砂率	胶材	水泥	L	K	L	K
1	**0.3**	**90**	**60**	**36**	**540**	**390**	**1.11**	**1.20**	**7**	**3.9**
2	0.3	120	90	38	540	330	1.02	1.11	5.8	4.6
3	0.3	150	120	40	540	270	1.11	1.11	4	4.2
4	0.32	90	90	40	540	360	1.11	1.02	5.7	4
5	0.32	120	120	36	540	300	1.02	0.93	6.7	3.1
6	0.32	150	60	38	540	330	0.97	0.93	4.3	3.2
7	0.34	90	120	38	540	330	0.93	0.83	3	3
8	0.34	120	60	40	540	360	0.88	0.83	2	2.2
9	0.34	150	90	36	540	300	0.88	0.83	3	3

5.4　试验结果及分析

5.4.1　混凝土工作性评价及分析

抗裂水泥熟料 C_3A 矿物相含量只相当于普通水泥熟料 C_3A 含量的 20% 左右，比率降低明显。C_4AF 含量超过 16%，是普通水泥熟料的 1.8 倍。在水化速率方面四大矿物相的水化速率大小依次为 $C_3A>C_4AF>C_3S>C_2S$。一定程度上降低 C_3A 含量，提高 C_4AF 的含量，可以有效降低水泥早期水化速率，改善水泥与外加剂的相容性，降低外加剂掺量。

1. 黏度测试试验

试验数据表明，抗裂水泥在黏度数据方面显著优于普通对比水泥。

在胶凝材料总量为 390kg/m³ 混凝土的试验测试中，坍落度筒流出时间显著降低，见表 5-16。

数据表明各因素均能改善混凝土的黏度，相应水平的最佳效果表现如下：合适的水灰比（0.4）降低流出时间 53%、较高的粉煤灰掺量（130kg/m³ 混凝土）降低流出时间 47%、无矿粉（0kg/m³ 混凝土）降低流出时间 58%、低的砂率（40%）降低流出时间 52%。

在胶凝材料总量为 540kg/m³ 混凝土的试验测试中，坍落度筒流出时间亦明显降低，见表 5-16。

数据表明，各因素均能改善混凝土的黏度，相应水平的最佳效果表现如下：合适的水灰比（0.32）降低流出时间 39%、较高的粉煤灰掺量（150kg/m³ 混凝土）降低流出时间 31%、较低矿粉掺量（60kg/m³ 混凝土）降低流出时间 30%、低的砂率（36%）降低流出时间 41%。

综合试验数据显示抗裂普通硅酸盐水泥的使用可以使胶凝材料体系用量为 390~540kg/m³ 混凝土，混凝土强度等级为 C30~C60，显著降低混凝土体系黏度。各因素中，合适的水灰比使混凝土的匀质性保持较好、优质粉煤灰有效降低混凝土需水量和相对密度、较低的砂率使混凝土的黏聚性降低，以上三因素对所研究的全系列混凝土黏度降低明显；本试验所用矿粉，因较高的比表面积使混凝土的黏聚性提高，从而提高了混凝土的黏度，为负面因素。

2. 外加剂掺量变化

在胶凝材料总量为 390kg/m³ 混凝土的试验中，聚羧酸掺量降低明显，降幅达到 20%～35%，见表 5-16。

数据表明各因素均能降低聚羧酸掺量，相应水平的最佳效果表现如下：合适的水灰比（0.4）降低聚羧酸掺量 33%、较高的粉煤灰掺量（130kg/m³ 混凝土）降低聚羧酸掺量 35%、较高的矿粉掺量（90kg/m³ 混凝土）降低聚羧酸掺量 32%、合适的砂率（42%）降低聚羧酸掺量 30%。

在胶凝材料总量为 540kg/m³ 混凝土的试验测试中，聚羧酸掺量变化幅度不大，见表 5-16。

综合试验数据显示抗裂普通硅酸盐水泥的使用可以使凝材料体系用量为 390kg/m³ 混凝土，混凝土强度等级为 C30～C50，显著降低聚羧酸减水剂掺量。各因素中，合适的水灰比和砂率使混凝土的匀质性保持较好、粉煤灰和矿粉有效降低混凝土需水量，从而使相应混凝土的外加剂掺量显著下降。在胶凝材料 540kg/m³ 混凝土中，由于水泥在其中的比例降低明显、掺合料使用比例增加，使抗裂普通硅酸盐水泥在混凝土中对于外加剂的吸附作用影响程度降低，从而使外加剂掺量变化幅度降低。

抗裂普通硅酸盐水泥相对于普通硅酸盐水泥在黏度（流出时间）和聚羧酸外加剂掺量方面显著的差异性缘于两者水泥熟料之间矿物相以及水泥比表面的差异（尽管在本次试验中采用的对比水泥，这个差异不是很大，如果差异大，对比效果会更加明显），见表 5-8、表 5-11。抗裂普通硅酸盐水泥设计指标的变动使水泥拥有较好的黏度流变改性作用。

综合以上数据，抗裂普通硅酸盐水泥生产技术的推广应用，在当前混凝土行业中具有重要的行业应用价值和深远的技术理念影响。混凝土作为系统整体的科学材料，水泥在其中扮演着重要的角色，10 多年以来技术人员对水泥与外加剂之间的相互作用关系从适应性到相容性称呼的转变，代表着行业对于混凝土工作性的调节，由一味地调节外加剂转变为外加剂与水泥之间应相互适应。但仍未提及水泥的角色变化。100 多年来，在混凝土中，水泥一直是主体地位的原材料，由于诸多因素，在混凝土各项工作性调节的过程中，水泥技术一直是被动地接受应用，少有主动改革。水泥作为混凝土中的核心原料，其指标的针对性变动，在混凝土工作性方面可以起到四两拨千斤的显著性作用，有效改善混凝土的工作性。

当前中国的高层精品建筑与日俱增，在高层泵送混凝土方面，使用普通硅酸盐水泥的混凝土，只有 BASF 一家企业的外加剂可以做到数百米高层的一次性泵送，但其外加剂产品价格高昂。

抗裂普通硅酸盐水泥在保持混凝土优异工作性的基础上，合理变动矿物相组成指标，从混凝土的角度谈水泥的生产，重点突出其低的水化热和黏度，从性能指标上力求所拌制混凝土在耐久性、工作性和强度三方面的性能达到理想的协调性。在商品混凝土方面的应用技术系统性的评价试验显示：定制生产的抗裂普通硅酸盐水泥应用于高性能混凝土中可以有效降低拌制混凝土的黏度，所制备的抗裂混凝土整体工作性显著高于普通硅酸盐水泥制备的同强度等级泵送混凝土指标；同时外加剂的使用量降低 30% 以上，混凝土整体技术、经济效益显著。

综合对比试验评价：采用抗裂普通硅酸盐水泥拌制的混凝土实验室工作性指标优于普通硅酸盐水泥制备的混凝土工作性指标。在与抗裂普通硅酸盐水泥共同协同作用下的混凝土整体工作性能显著改善，黏度指标可与普通硅酸盐水泥和 BASF 高性能聚羧酸制备所混凝土的工作性能媲美，作为技术的整合，可应用于长距离输送或者高层泵送混凝土的建设中，经济社会效益显著。

表 5-14　混凝土配合比设计-1-混凝土工作性数据

W/C	S-L	S-K	W/C	D-L	D-K	W/C	PC-L	PC-K
0.38	12.9	8.6	0.38	573	604	0.38	2.2	1.7
0.4	17.3	8.2	0.4	600	554	0.4	2.1	1.4
0.42	9.8	5.3	0.42	580	586	0.42	1.7	1.2
粉煤灰	S-L	S-K	粉煤灰	D-L	D-K	粉煤灰	PC-L	PC-K
130	13.1	7.0	130	598	616	130	1.7	1.1
65	13.8	7.6	65	573	556	65	1.9	1.4
0	13.2	7.5	0	582	572	0	2.4	1.8
矿粉	S-L	S-K	矿粉	D-L	D-K	矿粉	PC-L	PC-K
90	13.2	8.6	90	580	594	90	1.9	1.3
45	14.2	8.3	45	565	584	45	1.9	1.4
0	12.6	5.3	0	608	566	0	2.4	1.8
砂率	S-L	S-K	砂率	D-L	D-K	砂率	PC-L	PC-K
42%	14.8	7.1	42%	567	578	42%	1.9	1.4
43%	13.9	8.5	43%	567	582	43%	2.0	1.4
44%	11.3	6.6	44%	620	584	44%	2.1	1.5

注：S 代表混凝土倒提流出时间（单位：s）；D 代表混凝土扩展度（单位：mm）；PC 代表聚羧酸减水剂用量比率（%）。

表 5-15　混凝土配合比设计-2-混凝土工作性数据

W/C	S-L	S-K	W/C	D-L	D-K	W/C	PC-L	PC-K
0.3	5.6	4.2	0.3	583	592	0.3	1.08	1.14
0.32	5.6	3.4	0.32	580	593	0.32	1.03	0.96
0.34	2.7	2.7	0.34	633	578	0.34	0.90	0.83
粉煤灰	S-L	S-K	粉煤灰	D-L	D-K	粉煤灰	PC-L	PC-K
90	5.2	3.6	90	600	560	90	1.05	1.02
120	4.8	3.3	120	590	597	120	0.97	0.96
150	3.8	3.5	150	607	607	150	0.99	0.96
矿粉	S-L	S-K	矿粉	D-L	D-K	矿粉	PC-L	PC-K
60	4.4	3.1	60	588	570	60	0.99	0.99
90	4.8	3.9	90	612	582	90	0.97	0.96
120	4.6	3.4	120	597	612	120	0.99	0.96

续表

W/C	S-L	S-K	W/C	D-L	D-K	W/C	PC-L	PC-K
砂率	S-L	S-K	砂率	D-L	D-K	砂率	PC-L	PC-K
36%	5.6	3.3	36%	600	567	36%	1.00	0.99
38%	4.4	3.6	38%	597	593	38%	0.97	0.96
40%	3.9	3.5	40%	600	603	40%	1.03	0.99

表 5-16　K 与 L 水泥配制系列混凝土流出时间与 PC 掺量对比参数（根据表 5-14、表 5-15 计算）

混凝土配合比设计-1：K 与 L 水泥对比			混凝土配合比设计-2：K 与 L 水泥对比		
W/C	流出时间降低比率	PC 掺量降低比率	W/C	流出时间降低比率	PC 掺量降低比率
0.38	33%	23%	0.3	25%	−6%
0.4	53%	33%	0.32	39%	7%
0.42	46%	29%	0.34	0%	8%
粉煤灰	流出时间降低比率	PC 掺量降低比率	粉煤灰	流出时间降低比率	PC 掺量降低比率
130	47%	35%	90	31%	3%
65	45%	26%	120	31%	1%
0	43%	25%	150	8%	3%
矿粉	流出时间降低比率	PC 掺量降低比率	矿粉	流出时间降低比率	PC 掺量降低比率
90	35%	32%	60	30%	0%
45	42%	26%	90	19%	1%
0	58%	25%	120	26%	3%
砂率	流出时间降低比率	PC 掺量降低比率	砂率	流出时间降低比率	PC 掺量降低比率
42%	52%	26%	36%	41%	1%
43%	39%	30%	38%	18%	1%
44%	42%	29%	40%	10%	4%

5.4.2　抗裂普通水泥与普通水泥不同龄期强度对比分析

通过对两类型水泥在系列混凝土中的强度对比分析，抗裂普通水泥与普通水泥在混凝土强度测试数据表明：3d 强度大部分抗裂普通水泥只有普通水泥强度的 60%～80%；7d 强度达到 70%～90%；28d 强度达到 80%～100%；60d 强度达到 90%～110%，详见表 5-17。

抗裂普通硅酸盐水泥熟料 C_3A 矿物相含量的显著降低，在降低早期水化热的基础上也使水泥的早期强度具有一定的下降幅度。由于 C_4AF 含量超过 16%，是普通水泥熟料的 1.8 倍，因而在后期 28d、60d 强度方面，抗裂普通硅酸盐水泥强度增进明显，大部分超过普通水泥，且趋势稳定。

表 5-17 K 与 L 水泥配制系列混凝土强度对比数据

C390	3d-L	7d-L	28d-L	60d-L	3d-K	7d-K	28d-K	60d-K	3d-K/L	7d-K/L	28d-K/L	60d-K/L
1	29.3	36.9	50.3	55.2	18.9	29.5	46.3	52.1	0.65	0.80	0.92	0.94
2	21.9	43.6	57.0	57.6	23.2	34.7	51.5	54.7	1.06	0.80	0.90	0.95
3	23.5	54.1	68.9	66.5	30.3	41.3	55.8	66.2	1.29	0.76	0.81	0.99
4	35.6	42.1	65.5	71.4	21.5	27.2	53.1	66.5	0.60	0.65	0.81	0.93
5	34.2	48.1	63.4	68.2	28.3	29.0	53.1	69.7	0.83	0.60	0.84	1.02
6	25.7	52.1	69.1	71.5	24.0	36.9	61.1	63.4	0.93	0.71	0.88	0.89
7	39.3	36.3	56.1	67.3	18.5	28.7	50.3	63.4	0.47	0.79	0.90	0.94
8	28.9	35.7	48.9	65.1	17.8	27.6	51.0	62.5	0.62	0.77	1.04	0.96
9	21.3	45.2	62.5	69.4	20.9	30.8	51.1	57.9	0.98	0.68	0.82	0.83
C540	3d-L	7d-L	28d-L	60d-L	3d-K	7d-K	28d-K	60d-K	3d-K/L	7d-K/L	28d-K/L	60d-K/L
1	34.6	46.8	69.4	81.9	26.1	46.4	65.3	80.6	0.75	0.99	0.94	0.98
2	35.7	52.6	76.5	78.8	24.8	46.8	63.6	73.2	0.70	0.89	0.83	0.93
3	29.8	44.9	57.6	70.6	21.8	42.0	60.3	78.3	0.73	0.93	1.05	1.11
4	33.8	47.5	69.8	74.0	23.5	44.0	64.0	73.9	0.70	0.93	0.92	1.00
5	27.3	43.8	65.6	69.2	23.0	41.5	61.5	72.7	0.84	0.95	0.94	1.05
6	30.1	45.6	55.3	57.9	21.0	38.8	62.8	75.8	0.70	0.85	1.14	1.31
7	25.1	43.0	59.9	63.8	19.8	42.1	59.9	73.9	0.79	0.98	1.01	1.16
8	29.6	44.1	64.9	73.0	20.1	38.1	59.6	71.5	0.68	0.86	0.92	0.98
9	25.3	39.9	63.5	68.8	17.9	35.8	54.3	69.0	0.71	0.90	0.86	1.00

5.4.3 抗裂普通硅酸盐水泥与普通硅酸盐水泥同工作性同外加剂使用量下混凝土强度对比

　　混凝土的强度源于水泥的胶结作用与混凝土本身的配合比，混凝土本身的配合比中水灰比因素是重要的强度影响因素，抗裂普通硅酸盐水泥因其本身显著的减水作用，可以明显降低混凝土的用水量，进而增强混凝土的早后期强度。

　　由于抗裂普通硅酸盐水泥用水量小于普通水泥，试验表明其可较普通硅酸盐水泥降低5％的用水量，混凝土强度方面，采用抗裂普通硅酸盐水泥制备的混凝土早后期较普通硅酸盐水泥制备的混凝土强度增幅明显。按照28d强度对比，相同配合比情况下，使用纯水泥，抗裂普通硅酸盐水泥制备的混凝土较普通硅酸盐水泥制备的混凝土强度提高两个等级，详见表5-18、表5-19。

表 5-18　混凝土配合比

组成		水	水泥	砂	10～20mm 石	5～10mm 石	聚羧酸减水剂（kg）
1m³ 理论配比		113	350	620	990	330	7
40L 实际配比	L	4	14	25.3	39.6	13.2	0.28
	K	3.8	14	25.3	39.6	13.2	0.28

表 5-19　混凝土强度对比

编号	3d	7d	28d	60d	90d
L	51.2	58.6	60	63.5	66.4
K	60.8	72.1	72.8	72.5	72.9
K 较 L 涨幅	18.8%	23.0%	21.3%	14.2%	9.8%

5.4.4　混凝土强度对比

混凝土强度对比数据见表 5-17～表 5-19。

5.4.5　抗裂普通硅酸盐水泥与普通硅酸盐水泥不同龄期水化比较

抗裂普通硅酸盐水泥在 3d、7d 水化热明显低于普通水泥，由于抗裂水泥 C_3A 显著低于普通硅酸盐水泥，因而在水化前期其水化热和水化热峰值得到有效的控制，有利于抑制因水化热而导致的裂缝（表 5-20）。

表 5-20　两类水泥水化热比较

水泥品种	水化热(J/g)	
	3d	7d
L	248	287
K	220	267
K 较 L 水化热降低	11.3%	7.0%

5.5　抗裂普通硅酸盐水泥与普通硅酸盐水泥混凝土耐久性试验指标

耐久性试验未特别说明，均按照《普通混凝土长期性能和耐久性能试验方法标准》（GB/T 50082—2009）进行。

5.5.1　抗渗性试验

（1）使用材料及混凝土配合比

混凝土配合比见表 5-18。

（2）试验方法：JTG E30—2005，设备：自动调压混凝土渗透仪 XCJ-006。

（3）试验结果

抗渗试验结果表明，普通硅酸盐水泥和抗裂普通硅酸盐水泥配制的混凝土均能达到 P10 的抗渗效果（表 5-21）。

表 5-21　混凝土抗渗性试验

项目	指标	抗渗测试	
水泥类型	≥P8	L	K
测试结果		P10	P10

5.5.2　抗氯离子侵入性

（1）使用材料及混凝土配合比

混凝土配合比见表 5-18。

（2）试验方法

将混凝土坍落度调整为 20～30mm，搅拌时间为 180s。受检混凝土实际龄期为 56d 标准养护龄期加 7d 自然饱水龄期，按《混凝土抗氯离子渗透性的电通量评价标准》（ASTM C1202—05）检测（表 5-22、表 5-23）。

表 5-22　ASTM C1202—05 标准要求

通过的电量(库仑)	Cl^- 渗透性	通过的电量(库仑)	Cl^- 渗透性
>4000	高	100～1000	很低
2000～4000	中等	<100	可忽略
1000～2000	低		

表 5-23　试验结果

水泥类型	混凝土电通量测试		评价
	L	K	
电通量(C)	764	576	一致，均为很低

（3）结果分析

制备 C50 无掺合料的纯水泥混凝土，两者电通量值均较低，属于 Cl^- 侵入性很低的范围，但抗裂普通硅酸盐水泥相对于普通硅酸盐水泥电通量仍有 24.6% 的降低幅度，表明抗裂普通硅酸盐水泥综合的优势可以有效提高相应混凝土的密实性，从而改善混凝土的耐久性。

5.5.3　碳化性能

混凝土配合比见表 5-18，其试验结果列于表 5-24。

表 5-24　碳化性能试验结果

编号	L	K
养护龄期(d)	28	28
强制碳化龄期(d)	28	28
碳化深度(mm)	3	0

碳化试验表明：由于有较低的需水量，抗裂普通硅酸盐水泥可以有效提高混凝土的密实性，从而改善混凝土抗碳化性能。

5.5.4 抗硫酸盐性能测试

（1）使用材料及混凝土配合比

混凝土配合比见表 5-18。

（2）试验方法

受检混凝土实际龄期为 56d 标准养护龄期。

混凝土抗渗透能力强，在 3 个月的 Na_2SO_4 溶液浸泡后，均未出现强度损失，反而由于硫酸钠与水泥之间的相互作用，使混凝土强度有增长现象，详见表 5-25。

表 5-25 硫酸盐耐蚀试验结果

龄期	L(MPa)	K(MPa)
28d	60	72.8
空白(28d＋3 个月)	66.4	75.6
5％Na_2SO_4溶液浸泡 3 个月	75.2	84.4

5.5.5 收缩性试验测试

混凝土非接触式收缩试验测试表明，抗裂普通硅酸盐水泥因矿物组成的优势，在理论上在早期收缩方面优于普通硅酸盐水泥，原因分析见表 5-26。实际的测试表明，抗裂普通硅酸盐水泥的收缩一定程度上低于普通硅酸盐水泥（表 5-27 和图 5-1）。

表 5-26 水泥中主要单矿物收缩率（引自吴中伟高性能混凝土）

水泥矿物名称	收缩率	水泥矿物名称	收缩率
C_3A	0.00234±0.0001	C_2S	0.00079±0.000036
C_3S	0.00079±0.000036	C_4AF	0.00049±0.000114

表 5-27 两类型水泥早期收缩数据（μm）

龄期-d	L1	L2	L3	K1	K2	K3
0	0	0	0	0	0	0
1	−242	−213	−130	−152	−142	−105
2	−331	−292	−260	−211	−201	−146
3	−380	−331	−284	−224	−214	−180
4	−406	−353	−303	−251	−240	−194
5	−428	−371	−369	−264	−256	−210
6	−442	−382	−388	−277	−269	−227
7	−452	−389	−397	−289	−278	−231
9	−472	−409	−405	−304	−292	−244
14	−506	−438	−433	−329	−315	−266

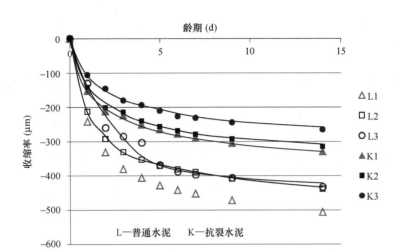

图 5-1　普通硅酸盐水泥和抗裂普通硅酸盐水泥

5.5.6　抗冻性能测试

混凝土配合比见表 5-18。

（1）抗冻数据（表 5-28、表 5-29）

表 5-28　普通硅酸盐水泥 L 耐久性（抗冻）试验结果

冻融次数	平均质量（g）	平均谐振频率	质量百分比（%）	质量损失率（%）	相对动弹模量百分比（%）	相对动弹模量损失率（%）
0	10543	2531	100.00	0.00	100.00	0.00
25	10543	2526	100.00	0.00	99.80	0.20
50	10540	2504	99.97	0.03	98.93	1.07
75	10527	2493	99.85	0.15	98.50	1.50
100	10517	2486	99.75	0.25	98.22	1.78
125	10491	2479	99.51	0.49	97.94	2.06
150	10478	2474	99.38	0.62	97.75	2.25
175	10465	2461	99.26	0.74	97.23	2.77
200	10453	2449	99.15	0.85	96.76	3.24
225	10442	2425	99.04	0.96	95.81	4.19
250	10424	2411	98.87	1.13	95.26	4.74
275	10413	2397	98.77	1.23	94.70	5.30
300	10388	2384	98.53	1.47	94.19	5.81

表 5-29 抗裂普通硅酸盐水泥 K 耐久性（抗冻）试验指标检测结果

冻融次数	平均质量 （g）	平均谐振频率 （Hz）	质量百分比 （%）	质量损失率 （%）	相对动弹模量 百分比 （%）	相对动弹模量 损失率 （%）
0	10542	2536	100	0	100	0.00
25	10542	2532	100	0	99.87	0.13
50	10539	2509	99.97	0.02	99.21	0.79
75	10530	2500	99.91	0.09	98.96	1.04
100	10520	2486	99.87	0.18	98.54	1.46
125	10494	2487	99.71	0.29	98.13	1.87
150	10481	2483	99.44	0.49	97.95	2.05
175	10468	2471	99.32	0.61	97.81	2.19
200	10456	2458	99.21	0.69	97.16	2.84
225	10445	2435	99.13	0.79	96.82	3.18
250	10427	2426	98.96	1.01	96.16	3.84
275	10416	2407	98.85	1.05	95.92	4.08
300	10391	2399	98.62	1.21	95.56	4.44

（2）结果分析

表 5-28、表 5-29 试验结表明：抗裂普通硅酸盐水泥抗冻性能相对好于普通水泥的。

两类水泥制备的混凝土试验数据较为稳定均匀，经过 300 次冻融循环质量损失率均在 2% 以内，相对动弹模量均仍在 90% 以上，均满足《普通混凝土长期性能和耐久性能试验方法标准》（GB/T 50082—2005）中试件的质量损失率小于 5%，相对动弹性模量大于 60% 的要求，即该配合比混凝土的抗冻性能达到了冻融循环 300 次即 D300 的技术要求。

5.5.7 抗开裂性试验

针对道路混凝土对于混凝土抗开裂方面的特殊要求，2016 年 9 月 14 日机场项目部连续铺设两条对比路面，测试以路面试验为主。

自 2017 年 3 月开始开放路面，作为机场施工载重车辆通行路面，最高载重货车超过 200t，通过 3 个月连续载重测试，2017 年 6 月 16 日项目部组织相关专家进行路面质量的验收工作。

试验表明：采用抗裂普通硅酸盐水泥制备的混凝土路面开裂性能显著优于普通硅酸盐水泥制备的混凝土，路面宏观无显著缺陷，经路面清洗、风干后，抗裂普通硅酸盐水泥混凝土无可见网络裂缝；采用普通硅酸盐水泥制备的混凝土路面，表观缺陷严重，路面开裂严重。

北京市政高强混凝土实验室对北京市场上 10 种水泥进行抗裂对比试验，结果如表 5-30 所示。试验结果证明，抗裂普通硅酸盐水泥的抗裂性能远优于市售普通硅酸盐水泥的。

表 5-30　10 种水泥抗裂性对比试验结果

序号	水泥品种	圆环约束实验开裂时间(min)
1	泓泰普通	75
2	钻牌承大	345
3	钻牌燕新	80
4	马牌普通	165
5	马牌早强	90
6	玉罗普通	95
7	燕东普通	157
8	冀丰普通	105
9	圣龙普通	118
10	抗裂普通硅酸盐水泥	550

5.6　实际工程试验

2016 年 3 月 4 日，在房山浩然搅拌站进行了抗裂普通硅酸盐水泥和本厂普通硅酸盐水泥的对比试验，本次试验配合比：采用表 5-12 的 5 号配比，普通水泥和抗裂普通硅酸盐水泥各浇筑 250m²，厚度 15cm 一块地坪，在同等条件下，抗裂普通硅酸盐水泥一条裂缝也没有，普通硅酸盐水泥裂缝严重（图 5-2）。

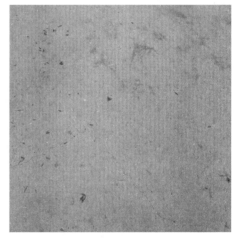

图 5-2　抗裂普通硅酸盐水泥（左）与普通硅酸盐水泥（右）对比

2016 年 9 月 14 日下午，在新机场指挥部、监理、试验、施工单位等众多专家和技术人员的监督下，用同一配合比、相同施工工艺，用琉璃河水泥厂生产的普通和高性能水泥，在北京新机场一条临时道路上做了 6km 长的对比破坏试验，经过 200t 重车反复碾压

8 个月，对比效果明显（图 5-3）。

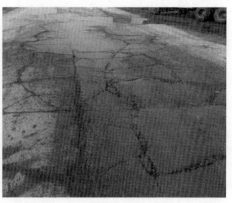

图 5-3　抗裂水泥（左）和普通水泥（右）路面对比

5.7　重要工程使用情况

5.7.1　在房建工程上的应用

2016 年 4 月 17 日，在北京新机场候机楼底板进行第一次使用，在搅拌站不按我们的要求配比浇筑的不利情况下，和本厂的普通硅酸盐水泥相比，裂缝减少了 70%，特别是自愈合功能非常明显，得到了使用单位的认可，如图 5-4 所示。

图 5-4　新机场候机楼第一次使用抗裂水泥的混凝土试配与施工

5.7.2　在北京新机场跑道上的应用

从 2017 年 5 月开始，抗裂普通硅酸盐水泥在北京新机场跑道上使用，经验两年来的施工，实现了 700 多万平方米无裂缝的纪录，为首都新机场的建设做出了重要贡献，如图 5-5所示。

图 5-5　修建完成的北京新机场跑道

5.7.3　在北京新机场和市政地下管廊上的应用

如图 5-6 所示，2017 年 4～6 月，在北京新机场 2m×2m×2m 管廊施工中，抗裂普通硅酸盐水泥实现了 1km 无裂缝的纪录，2018 年 9 月 28 日，北京高强混凝土公司在市政地下管廊（4m×4m×2m）就本抗裂普通硅酸盐水泥与普通硅酸盐水泥对比进行施工，结果抗裂普通硅酸盐水泥无任何裂缝，普通硅酸盐水泥裂缝严重，如图 5-7 所示。

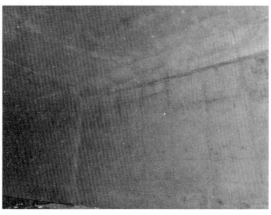

图 5-6　北京新机场 2m×2m×2m 管廊施工中，实现了 1km 无裂缝纪录

图 5-7　市政后沙峪地下管廊（4m×4m×2m ）实现了 40m 试验段无裂缝的施工

5.7.4　在高铁北京八达岭地下车站的应用

如图 5-8 所示，从 2017 年 9 月 30 日开始，在中国铁道建筑科学研究院的大力支持下，抗裂普通硅酸盐水泥在高铁八达岭地下车站大跨度混凝土结构施工中，实现了无裂缝。

图 5-8　在高铁八达岭地下车站，抗裂水泥实现了大跨度混凝土结构无裂缝施工

5.8　结论及建议

从混凝土应用的角度对水泥熟料矿物相组成进行针对性优化设计所制备的水泥，经水泥、混凝土两方面的系统评价，可有以下结论：

（1）与现行普通硅酸盐水泥相比，经优化后的抗裂普通硅酸盐水泥具有显著低的水化热，抗压强度早期较低，后期增进率明显，60d 龄期以后强度高于普通水泥。

（2）抗裂普通硅酸盐水泥的需水量比普通硅酸盐水泥的低 5％左右，用其配制混凝土可用较低水灰比，因而可减小干燥收缩，并可提高强度以适应早期强度的需要。

（3）在配合比相同的条件下，使用抗裂普通硅酸盐水泥的混凝土拌合物的流动性明显较大，通过坍落度筒的试件大为降低，因此达到相同流动度时可减少高效减水剂掺量。

（4）与使用普通硅酸盐水泥对比，用抗裂普通硅酸盐水泥的混凝土耐久性各项试验指标均有提高，开裂敏感性显著提高。

（5）水泥是混凝土抗裂性的主要影响因素，其他材料和拌合物配合比的影响也非常重要，施工是最后一道也是关键的一道环节；必须各个环节都好好做，才能得到满意的质量。

第6章 配合比设计

对于北京新机场工程建设而言，混凝土配合比是工程开工前期一项非常重要的工作，对未来的施工有着重要的指导意义。为了确保未来的施工质量，本项目对新机场水泥混凝土目标配合比进行设计研究，通过检验新机场采用的水泥、砂、碎石、外加剂等原材料的性能和相互之间的适应性，找出科学合理的目标配合比，使设计出的水泥混凝土在满足技术要求的基础上，达到兼顾经济性、满足设计强度、耐久性、和易性等要求的和谐统一。

为此，从2013年就开始了配合比的设计工作，为保证工程质量并为未来施工提供准确的技术参数，本项目经过认真研究后先在第一次原材料调研的基础上，确定了水泥混凝土的目标配合比设计方案，并对水泥混凝土原材料、水泥混凝土配合比设计及混凝土性能等内容进行了试验研究。

参加试验的人员，都有多年机场工程试验经验，所以，对配合比中每个具体的技术参数（如砂、石、水泥用量等）的确定，大家异议不大，主要的问题在于，在本机场，如何实现我们从一开始就确定的质量目标：尽可能地减少裂缝及网状裂缝，甚至消灭它们，以大幅度提高混凝土的耐久性。

把以满足设计强度为主要目标的原则，变为把减少收缩，防止开裂，作为最高目标。

从2013年11月开始，到2016年12月，配合比的设计工作一直在不间断地进行，对每一个参数的待定，都进行了大量的试验验证工作，所取得的实验数据和结果非常多，由于本书的篇幅所限，本章只对各试验参数的最终结果进行总结性的叙述。

本机场对技术工作的管理程序为：指挥部成立了中心实验室（主任2017年前由杨文科担任，2018年后由叶松担任），承担大量试验技术数据的确认工作，然后将相关技术数据下发各监理和施工单位实验室进行验证和确认，由各施工单位根据自己原材料和工程结构的不同提出修改意见，这些意见再次返回到中心实验进行验证，中心实验室确认后，施工单位方可进行施工。

所以，中心实验室只出指导性配合比，我们也叫目标配合比，各施工单位实验室根据自己原材料和工程的实际情况进行调整，调整后的结果经中心实验室确认后就可以用于施工。

中心实验室经过三年的试验只提出了两个指导性配合比：一个是用于场道工程的干硬性混凝土配合比；另一个是用于桥梁、涵洞、地下管廊和地下汽车通道的大流动性（泵送）混凝土配合比。

6.1 试验内容

6.1.1 配合比试验的主要内容

针对北京新机场飞行区的具体情况与要求，由新机场中心实验室牵头，完成了如下试验、检测及评价工作：

（1）原材料试验检测与确定。

（2）外加剂的比选试验，确定外加剂的品种与剂量。

（3）河砂与机制砂的比选试验。

（4）通过大量的正交试验确定水泥混凝土建议目标配合比。

6.1.2 采用的主要仪器设备

本项目配合比设计中所使用的主要仪器如下：

1. 水泥原材试验仪器

水泥净浆搅拌机、胶砂搅拌机、标准稠度测定仪、电动抗折机、微型计算机控制全自动压力试验机等。通过这些仪器可以测定规范规定的水泥原材各种性能指标。

2. 骨料原材试验仪器

骨料原材试验仪器主要有骨料标准筛、小型骨料破碎机、压碎指标测定仪、电子静水天平等。通过这些仪器可以测定规范规定的骨料各种性能指标，从而评价骨料的材质和加工性能。

3. 水泥混凝土试验仪器

振动台、维勃稠度测定仪、混凝土拌合机、含气量测定仪、全自动冻融机等。通过这些仪器可以测定规范规定的水泥混凝土各种性能指标，从而评价水泥混凝土低温性能、抗水损害性能和耐久性能。

6.2 配合比指导原则

凡是增加混凝土收缩的因素都必须降低甚至排除。

6.2.1 坍落度

首先要考虑的是坍落度，我们确定了一个最重要的原则：坍落度越小，裂缝越少、抗碳化能力及耐久性越好。所以在满足施工要求的前提下，要尽可能降低混凝土的坍落度。

6.2.2 粗骨料

在满足强度和施工工艺要求的前提下，尽可能增加粗骨料用量，减少浆体体积，同时减少水泥用量，以减少混凝土的收缩，增加体积稳定性。

6.2.3 水泥用量

在满足强度和施工工艺要求的前提下，尽可能降低水泥用量。

6.2.4 减水剂

在满足工作性要求的前提下，尽量减少减水剂用量。

6.2.5 矿粉

矿粉增加了混凝土收缩，尽量少用或不用。

6.2.6　粉煤灰

适当加入粉煤灰降低水化热，增加和易性。

6.2.7　影响因素的分析

1. 单位水泥用量对混凝土的影响

民航相关施工规范规定，场道干硬性混凝土最小水泥用量为 $330kg/m^3$，过大的水泥用量会带来更大的收缩，根据过去的工程经验，本次道面混凝土水泥用量就确定为 $330kg/m^3$。

2. 水灰比对混凝土的影响

水灰比是影响混凝土强度最主要的因素之一，也是影响施工性能的决定性因素之一。水灰比过大不仅仅是影响强度，也会增加了混凝土的收缩，过小就会影响表面拉毛，施工操作也会困难。根据以往的经验，我们的混凝土坍落度确定为 $0\sim5mm$，维勃稠度确定为 $(20\pm2)s$，通过选取三个不同水灰比 0.38、0.40、0.42，来确定不同水灰比对道面混凝土强度的影响，见表 6-1。

表 6-1　不同水灰比对混凝土性能及强度影响（7d/28d）

影响因素 （水泥种类）		水泥 （kg/m³）	水灰比	砂率 （%）	配合比	维勃稠度 （s）	抗折强度 （MPa）	
					水泥：水：砂：石		7d 代表值	28d 代表值
金隅	P·O 42.5 普通硅酸盐 水泥（优化）	330	0.38	0.30	1：0.38：1.93：4.50	26	5.2	6.2
		330	0.40	0.30	1：0.40：1.92：4.49	22	5.0	6.1
		330	0.42	0.30	1：0.42：1.92：4.48	17	4.9	5.8

如图 6-1 所示，混凝土强度结果显示，三种不同水灰比，随着水泥用量增加，7d 和 28d 的混凝土强度也相应增大；固定每立方米混凝土单位水泥用量，随着水灰比减小，维勃稠度增大、混凝土强度相应提高。

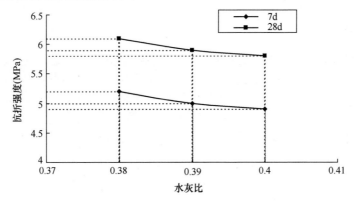

图 6-1　水灰比对混凝土抗折强度的影响

通常情况下，在水泥品种和强度等级不变时，混凝土强度随着水灰比增大而有规律地降低，水灰比的降低会相应提高混凝土的密实度、抗冻能力和早期强度的增长速度；但水灰比过小将使混凝土工作性与和易性下降，根据以上试验，我们确定水灰比为 0.40。

3. 砂率的影响

砂率反映混凝土中细骨料和粗骨料两者的组合关系。砂率的变动，会使骨料的总比表面积和空隙率发生变化，因此会对混凝土拌合物的和易性有显著影响。对于机场道面混凝土而言，砂率主要影响混凝土的和易性和强度。一般情况下每种配比存在一个合理的砂率范围，使得混凝土在用水量和水泥用量一定的情况下，具有较好工作性与强度。

砂率是道面混凝土配合比中重要的配制参数，是细骨料占粗细骨料总量的百分比。砂率大小直接影响混凝土拌合物的稠度，而稠度又影响混凝土的浇筑过程，浇筑质量的好坏直接影响混凝土的成品质量。合理的砂率能够保证混凝土拌合物的黏聚性和保水性。砂率过小，粗骨料相对增多；砂率过大，在用水量和水泥用量不变的条件下，水泥浆体一定，相对比表面积增大，使混凝土的收缩增加。合适的砂率还与细度模数关系很大，根据我们以往的经验，砂率为 0.28～0.32 较为合适。

4. 含气量的影响

根据权威的观点，含气量对混凝土的抗冻性有很大的影响。根据我们近些年来的工程经验，掺入引气剂对提高场道干硬性混凝土的实际抗冻能力的影响有限，但设计文件按照规范的要求，混凝土中应加入引气剂，使抗冻融循环次数大于 300，所以，本次道面配合比设计也按照设计文件的要求，加入了引气剂。

6.3 原材料性能测试

水泥混凝土配合比设计所需的主要原材料包括水泥、碎石、砂、水、外加剂等，各种材料均按有关规范要求进行检测。原材料均由建设单位会同设计单位考察后确定厂家或料源点，并为试验提供足够数量的样品。为了保证试验数据的准确性，所有的原材料均按规范规定的标准取样方法取样，并将样品缩分成份，以满足各项试验项目的需要。对水泥混凝土道面所涉及的各种材料，质量需达到设计要求，同时应严格按照配合比设计要求的掺量及比例进行添加，否则将会较大程度地降低水泥混凝土材料的各项性能，为确保工程质量达到设计的要求，具体试验过程如下：

6.3.1 水泥

从 2013 年年底开始，我们选取新机场周边（唐山三友、天津振兴、北京琉璃河等）多家水泥厂的产品做了大量试验，总是觉得没有达到我们理想要求的质量，也与我们全面实现无裂缝施工要求距离尚远，所以，从 2015 年开始我们就下决心和北京金隅集团联合生产旨在大幅度提升抗裂性能的水泥，对水泥的各项要求详见第 5 章，2015 年以前我们所做的大量试验所取得的数据，由于本书篇幅的关系在此不再罗列。

6.3.2 碎石

6.3.2.1 总体技术要求

（1）碎石料应采用碎石或机轧砾石，质地应坚硬、耐久、耐磨、洁净，符合规定的级配，最大粒径应不超过 37.5mm。碎石和机轧砾石质量按照民航相关施工规范分别符合

表 6-2 和表 6-3 规定的技术要求。

（2）水泥混凝土用碎石和机轧砾石的强度，采用压碎指标值进行质量控制，压碎指标值宜符合表 6-2 和表 6-3 的规定。

（3）碎石或机轧砾石，颗粒级配应按 5～20mm、20～37.5mm 两级规格控制。颗粒粒径应采用圆孔筛，也可使用方孔筛，但应符合相应的换算系数。

（4）碎石的坚固性用硫酸钠溶液法检验，在一般条件地区及最冷月平均温度为−5～−15℃地区，试样经 5 次循环后质量损失应不大于 5%；在最冷月平均温度低于−15℃地区，5 次循环后的质量损失应不大于 3%。

（5）水泥混凝土道面面层用的粗骨料应进行碱活性检验。

表 6-2　碎石技术要求

项目		技术要求			
颗粒级配	筛孔尺寸（mm）（圆孔筛）	40	20	10	5
	累计筛余量（%）	0～5	30～65	75～90	95～100
	石料强度分级	≥3 级			
压碎指标值（%）	水成岩	≤13			
	变质岩或深成的火成岩	≤16			
	浅成的或喷出的火成岩	≤21			
	洛杉矶磨耗损失（%）	≤30			
	硫化物和硫酸盐含量（折算为 SO_3）（%）	≤1			
	泥土杂物含量（冲洗法）（%）	≤3			
	红白皮含量（%）	≤10			

注：1. 料强度分级，应符合《公路工程岩石试验规程》（JTG E41—2005）的规定。
　　2. 5～20mm 粒径的碎（砾）石中针、片状颗粒含量（按质量计）应≤15%，20～40mm 粒径的碎（砾）石中的针、片状颗粒含量（按质量计）应≤10%。

表 6-3　机轧砾石技术要求

项目		技术要求			
颗粒级配	筛孔尺寸（mm）（圆孔筛）	40	20	10	5
	累计筛余量（%）	0～5	30～65	75～90	95～100
	空隙率（%）	≤45			
	压碎指标值（%）	≤16			
	软弱颗粒含量（%）	≤5			
	针片状颗粒含量（%）	≤15			
	泥土杂物含量（冲洗法）（%）	≤1			
	硫化物和硫酸盐含量（折算为 SO_3）（%）	≤1			
	有机物含量（比色法）	颜色不深于标准溶液的颜色			

注：机轧砾石应用粒径 100mm 以上砾石材料进行破碎，破碎后粒形成棱形，每块石料应至少有两个破碎面。

6.3.2.2　碎石的检测结果

碎石的检测结果见表 6-4。

表 6-4　碎石的检测结果

项　目	技术要求	筛孔尺寸	
		5～20mm	20～40mm
压碎值（％）	≤16	9.5	
含泥量（％）	≤1	0.8	0.6
泥块含量（％）	≤0.5	0.2	0.1
针片状（％）	≤15	5.7	3.8
表观密度（kg/m³）	—	2850	2830
堆积密度（kg/m³）	—	1700	1680
碱活性（％）	—	无潜在危害	无潜在危害
备　注	依据 MH 5006—2015 中 4.4 的规定		

碎石成品与加工设备如图 6-2、图 6-3 所示。

图 6-2　涞水碎石成品

图 6-3　碎石加工设备

6.3.3　细骨料

6.3.3.1　总体技术要求

（1）细骨料宜采用细度模数为 2.65～3.20 的天然中粗砂，质地应坚硬、耐久、洁净，符合表 6-5 规定的技术要求。

表 6-5　砂的技术要求

项目			技术要求					
			方孔				圆孔	
颗粒级配	筛孔尺寸（mm）		0.16	0.315	0.63	1.25	2.50	5.0
	累计筛余量（％）	Ⅰ区	100～90	95～80	85～71	65～35	35～5	10～0
		Ⅱ区	100～90	92～70	70～41	50～10	25～0	10～0
	泥土杂物含量（冲洗法）（％）		≤3					

续表

项目	技术要求
硫化物和硫酸盐含量 （折算为 SO₃）（%）	≤1
有机物质含量（比色法）	颜色不应深于标准溶液颜色
云母与轻物质含量（按质量比计%）	≤1
其他杂物	不得混有石灰、炉渣、草根、泥团块、贝壳等其他杂物

注：Ⅰ区砂属于粗砂。Ⅱ区砂属于中砂和一部分偏粗的细砂，颗粒适中，级配好。

（2）坚固性用硫酸钠溶液检验，试样经 5 次循环后质量损失率应小于 8%。

（3）混凝土道面面层用砂，应进行碱活性检验，可采用化学法和砂浆长度法进行骨料的碱活性检验。

6.3.3.2 细骨料的检测结果

河砂和机制砂的级配与细度模数见表 6-6、表 6-7。

表 6-6 河砂的级配与细度模数

孔径 （mm）	第一次			第二次			级配要求Ⅱ区	级配要求Ⅰ区
	分计筛 余量（g）	分计筛余 （%）	累计筛余 （%）	分计筛 余量（g）	分计筛余 （%）	累计筛余 （%）		
4.75	42	8.4	8.4	39	7.8	7.8	—	—
2.36	76	15.2	23.6	79	15.8	23.6	—	—
1.18	74	14.8	38.4	78	15.6	39.2	10～50	35～65
0.6	86	17.2	55.6	84	16.8	56.0	41～70	71～85
0.3	171	34.2	89.8	169	33.8	89.8	70～92	80～95
0.15	41	8.2	98.0	40	8.0	97.8	90～100	90～100
筛底	8	1.6	—	9	1.8	—	—	—
细度模数	2.88			2.90			2.9	
备注	依据 MH 5006—2015 标准							

表 6-7 机制砂的级配与细度模数

孔径（mm）	第一次			第二次			级配要求Ⅱ区	级配要求Ⅰ区
	分计筛 余量（g）	分计筛余 （%）	累计筛余 （%）	分计筛 余量（g）	分计筛余 （%）	累计筛余 （%）		
4.75	8	1.6	1.6	9	1.8	1.8	—	—
2.36	111	22.2	23.8	108	21.6	23.4	—	—
1.18	159	31.8	55.6	154	30.8	54.2	10～50	35～65
0.6	78	15.6	71.2	81	16.2	70.4	41～70	71～85
0.3	90	18.0	89.2	91	18.2	88.6	70～92	80～95
0.15	32	6.4	95.6	33	6.6	95.2	90～100	90～100
筛底	20	4	—	22	4.4	—	—	—
细度模数	3.33			3.29			3.3	
备注	依据 MH 5006—2015 标准							

河砂筛分级配与分区如图 6-4 所示。

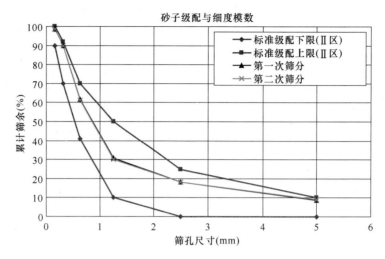

图 6-4　河砂筛分级配与分区

本节试验根据 MH 5006—2015 规范要求，对砂的物化性能做了相应的测试，试验结果如表 6-8 所示。

表 6-8　砂的物化标准与试验结果（MH 5006—2015）（产地：河北曲阳）

规范要求		检测结果
细度模数 μ_f	2.6～3.2	2.9
含泥量（%）	≤3.0	1.7
泥块含量（%）	≤1.0	0.3
碱活性（%）	非活性	碱活性无潜在危害
表观密度（kg/m³）	—	2770
堆积密度（kg/m³）	—	1520

河砂料源如图 6-5、图 6-6 所示。

图 6-5　河砂料源 1

图 6-6　河砂料源 2

6.3.4 水

水泥混凝土拌和、冲洗骨料及养护用水宜采用饮用水。使用其他水源时，其水质应符合下列要求：

（1）水中不得含有影响水泥正常凝结和硬化的有害杂质，如油、糖、酸、碱、盐等。

（2）硫酸盐含量应小于 2.7mg/cm^3。

（3）pH 值应大于 4。

（4）含盐量应小于 5mg/cm^3。

6.3.5 外加剂

6.3.5.1 外加剂的技术要求

（1）水泥混凝土中掺用外加剂的质量必须符合国家现行有关标准的规定，其品种及含量应根据施工条件和使用要求通过水泥混凝土混合料配合比试验选用。

（2）为防止产生碱骨料反应，不宜选用含钾、钠离子的外加剂，采用时应进行专门试验。

6.3.5.2 外加剂的检测结果

减水剂检测结果见表 6-9、表 6-10。

表 6-9 CACC-L 型聚羧酸系高性能减水剂检验结果

序号	检验项目		标准要求 HPWR-S	检验结果	单项结论
1	减水率（%）		≥25	26.6	合格
2	含气量（%）		≤6.0	2.3	合格
3	凝结时间之差（min）	初凝	−90～+120	+35	合格
		终凝		+35	合格
4	抗压强度比	抗压强度比（1d,%）	≥170	337	合格
		抗压强度比（3d,%）	≥160	175	合格
		抗压强度比（7d,%）	≥150	167	合格
		抗压强度比（28d,%）	≥140	154	合格
5	收缩率比（%）		≤110	107	合格

表 6-10 萘系减水剂检验结果

项目\品牌	减水率（%）	泌水率比（%）	含气量（%）	凝结时间差（min）		收缩率比（%）	抗压强度比（%）		
				初凝	终凝		3d	7d	28d
中航明星	20	76	2.8	+92		115	127	122	105
北京科宁	21	53	3.1	+110		108	128	126	112

6.3.6 原材料的选定

（1）水泥选取的是北京金隅集团琉璃河水泥厂专门为北京新机场特制生产的 P·O

42.5 级普通硅酸盐水泥。

（2）粗骨料产地为河北涞水，属石灰石，距新机场 80～90km，交通便利，满足要求的石料加工企业较多。碎石表观密度、堆积密度、含泥量、针片状含量、压碎值等技术指标均能满足机场道面混凝土相关技术要求。

（3）细骨料分别选取河砂与机制砂进行试配。其中河砂选取的是河北曲阳、正定、卢龙青龙河河砂，这三个地区河砂洁净程度较高，细度模数等相关指标均满足民航规范要求；机制砂产地为涞水，各项指标满足相关规范要求。

河砂含泥量（泥块含量）严重影响骨料与水泥的黏结性，降低和易性、增加用水量、影响混凝土的干缩性和抗冻性，如河砂的颗粒级配均匀（细度模数适中），配制的混凝土强度、和易性及道面的做面与拉毛操作等方面都将得到大幅提高，所以在正式施工过程中大量使用时，应特别注重河砂的生产工艺，着重筛选质量优异的河砂，必须满足设计指标。

（4）本次配合比试验选取北京中航明星防水建材有限公司生产的引气剂。

6.4 配合比设计方案

6.4.1 配合比设计要求

（1）道面混凝土设计强度以 28d 抗折强度≥5.0MPa；
（2）混凝土抗冻性应满足 D300 冻融循环技术指标要求；
（3）满足其他民航、国家相关规范的要求。

6.4.2 混凝土配合比关键参数的选取

6.4.2.1 大小石比例的确定

根据《民用机场水泥混凝土面层施工技术规范》（MH 5006—2015）中对粗骨料级配 5～40mm 连续粒级石子的级配要求范围，以及 5～20mm、20～40mm 两级石子各自的筛分试验结果（两级石子各自均应符合级配要求），计算出 5～20mm、20～37.5mm 两级石子符合级配要求的配合比例范围，并且大小石按比例配合后的级配应满足《民用机场水泥混凝土面层施工技术规范》（MH 5006—2015）的要求。

在计算出的配合比例范围内，用优选法通过试验选择最优的配合比例，试验指标是按比例配合后粗骨料的堆积密度（表 6-11～表 6-16 和图 6-7）。

表 6-11 大小石按比例混合后的累计筛分余量（50:50）

孔径（mm）	20～40mm（大石）	5～37.5mm（小石）	大小石按比例混合后	级配碎石标准规范要求
	累计筛余（%）	累计筛余（%）	累计筛余（%）	累计筛余（%）
37.5	—	—	0	0～5
31.5	7.9	—	5.9	
26.5	35.7	—	12.0	

续表

孔径（mm）	20～40mm（大石）累计筛余（%）	5～37.5mm（小石）累计筛余（%）	大小石按比例混合后 累计筛余（%）	级配碎石标准规范要求 累计筛余（%）
19	93.0	15.2	51.9	30～65
16	95.5	28.2	59.8	—
9.5	98.6	68.5	83.4	75～90
4.75	99.4	98.1	98.7	95～100
2.36	99.6	99.2	99.6	—
筛底	100	99.9	99.9	
备注	依据 MH 5006—2015 标准			

表 6-12　大小石按比例混合后的累计筛分余量（55∶45）

孔径（mm）	20～40mm（大石）累计筛余（%）	5～20mm（小石）累计筛余（%）	大小石按比例混合后 累计筛余（%）	级配碎石标准规范要求 累计筛余（%）
37.5	—		0	0～5
31.5	7.9	—	7.0	—
26.5	35.7	—	14.5	—
19	93.0	15.2	58.6	30～65
16	95.5	28.2	66.6	—
9.5	98.6	68.5	86.1	75～90
4.75	99.4	98.1	98.3	95～100
2.36	99.6	99.2	99.3	—
筛底	100	99.9	100	
备注	依据 MH 5006—2015 标准			

表 6-13　大小石按比例混合后的累计筛分余量（60∶40）

孔径（mm）	20～40mm（大石）累计筛余（%）	5～20mm（小石）累计筛余（%）	大小石按比例混合后 累计筛余（%）	级配碎石标准规范要求 累计筛余（%）
37.5	0	—	2.3	0～5
31.5	7.9	—	13.0	—
26.5	35.7	—	21.6	—
19	93.0	15.2	60.0	30～65
16	95.5	28.2	68.2	—
9.5	98.6	68.5	87.0	75～90
4.75	99.4	98.1	98.7	95～100
2.36	99.6	99.2	99.3	—
筛底	100	99.9	99.9	
备注	依据 MH 5006—2015 标准			

表 6-14　大小石按比例混合后的累计筛分余量（65∶35）

孔径（mm）	20～40mm（大石）	5～20mm（小石）	大小石按比例混合后	级配碎石标准规范要求
	累计筛余（%）	累计筛余（%）	累计筛余（%）	累计筛余（%）
37.5	0	—	0	0～5
31.5	7.9	—	5.5	—
26.5	35.7	0	22.8	—
19	93.0	15.2	67.9	30～65
16	95.5	28.2	76.1	—
9.5	98.6	68.5	92.4	75～90
4.75	99.4	98.1	99.2	95～100
2.36	99.6	99.2	99.5	
筛底	100	99.9	100	
备注	依据 MH 5006—2015 标准			

表 6-15　大小石按比例混合后的累计筛分余量（70∶30）

孔径（mm）	20～40mm（大石）	5～20mm（小石）	大小石按比例混合后	级配碎石标准规范要求
	累计筛余（%）	累计筛余（%）	累计筛余（%）	累计筛余（%）
37.5	0	—	2.4	0～5
31.5	7.9	—	14.5	—
26.5	35.7	0	28.4	—
19	93.0	15.2	71.6	30～65
16	95.5	28.2	78.8	—
9.5	98.6	68.5	92.9	75～90
4.75	99.4	98.1	99.1	95～100
2.36	99.6	99.2	99.5	
筛底	100	99.9	100	

表 6-16　两级配碎石配合后堆积密度分析表（kg/m³）

堆积密度 kg/m³ ＼ 项目 ＼ 大小石比例	两级配碎石配合后堆积密度	
	第一次	第二次
50∶50	1670	1680
	1675	
55∶45	1685	1680
	1682.5	

续表

项目 堆积密度 kg/m³ 大小石比例	两级配碎石配合后堆积密度	
	第一次	第二次
60：40	1700	1710
	1705	
65：45	1680	1690
	1685	
70：30	1670	1675
	1672.5	

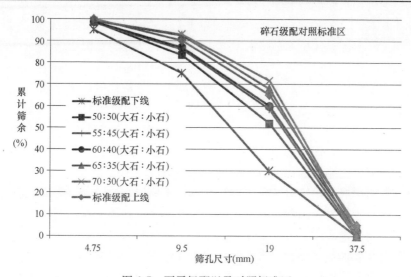

图 6-7　石子级配以及对照标准区

对于最佳大小石比例，经过一系列的大小石比例配合，采用最优法可以得出按大石：小石＝60：40 的比例配合时，大小石的堆积密度最大，即干堆积密度最大，因此最佳大小石比例建议为 60：40（图 6-8）。

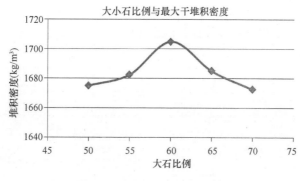

图 6-8　最优法选择大小石比例

6.4.2.2　砂率的选取

从经验上讲，近年来民航机场道面水泥混凝土配合比砂率一般选取 28%～32%。这主要与细度模数有关，砂越粗、砂率越高；但一般不超过 32%，再高可能影响强度。三个现场（河北卢龙、曲阳、正定）所取砂的细度模数为 2.9，属于 Ⅱ 区中粗砂，结合实践经验及相关规范，本次适配选取 28％、30％、32％三种砂率进行试配。

6.4.2.3 其他参数的选取

根据试验得到的原材料性能以及已确定的大小石比例，按照配合比设计影响因素的分析，确定四个影响重要的因素：单位水泥用量、水灰比、砂率以及含气量。通过对影响因素的分析并结合实践经验，其中：水泥用量因素选取 320kg/m³、330kg/m³ 两个水平；水灰比因素选取 0.38、0.40、0.42 三个水平；砂率因素选取 28％、30％、32％三个水平。

6.4.3 试配方案

根据《民用机场水泥混凝土面层施工技术规范》（MH 5006—2015）中机场道面水泥混凝土的设计要求，对各种原材料合理地加以配合，使机场道面混凝土满足强度、耐久性、和易性等技术指标。优质而经济的混凝土配合比其特性为水泥用量少、砂率适中、易于操作、水灰比小。

道面混凝土配合比的设计是以混凝土抗折强度为设计特征值，结合现场气候条件、施工机具等因素，依据公路水泥混凝土路面设计规范，弯拉强度的变异系数 c_v 不宜大于 0.1，保证率 t 为 0.45，标准差 S 为 0.4。本次设计强度为 5.0MPa，配制强度为 $f_c = f_r/(1-1.04c_v) + ts = 5.76$MPa。道面混凝土配合比，也可根据水灰比与强度关系曲线进行计算和试配，该配合比制作的标准试件的抗折强度为设计强度的 1.1～1.15 倍。

各种原材料的组成采用绝对体积法进行计算，主要原则是以碎石的最大干密度及最优砂率的情况下所得胶凝材料用量最小、混凝土最密实来设计配合比，同时添加外加剂来提高混凝土的耐磨性，进一步完善配合比。

根据细骨料及外加剂的种类不同，配合比设计考虑两种方案：

方案（一）碎石、河砂；

方案（二）碎石、机制砂。

基于合格的混凝土原材料，以正交试验法对混凝土进行了配合比设计。根据水泥混凝土的特点，主要影响因素包括单位水泥用量、水灰比、砂率及含气量因素。根据正交试验方法，共 54 个混凝土试验配合比、162 组混凝土试件。测定每个配比的工作性、弯拉强度、耐久性等指标。本着保证设计规定且满足经济合理，便于施工等要求进行配合设计与试验，最终确定推荐配合比。

试配过程图片记录如图 6-9～图 6-24 所示。

图 6-9 大石

图 6-10 小石

图 6-11　河砂

图 6-12　水泥

图 6-13　水

图 6-14　外加剂

图 6-15　搅拌

图 6-16　振实

图 6-17 成型试件 1

图 6-18 成型试件 2

图 6-19 冻融循环试验 1

图 6-20 冻融循环试验 2

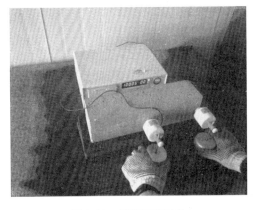

图 6-21 动弹模量试验

图 6-22 抗折试件断面

图 6-23　试件养护

图 6-24　抗折试验

6.5　试配结果及分析

6.5.1　试配结果

6.5.1.1　碎石、河砂掺引气剂方案（一）

方案（一）试配结果见表 6-17。

表 6-17　方案（一）试配结果

| 编号 | 材料组成（kg） | | | | | 水灰比 | 砂率（%） | 维勃稠度（s） | 含气量（%） | 坍落度（cm） | 实测堆积密度（kg/m³） | 外观描述 | 28d 抗折强度（MPa） |
	水泥	水	砂	大石	小石								
A-1	320	120	578	892	595	0.38	28	35	3.5	0	2557	和易性差，偏干，浆少	5.29
	1	0.38	1.83	2.83	1.89								
A-2	320	120	620	867	578	0.38	30	32	3.3	0	2554	流动性差，黏聚性较差	5.63
	1	0.38	1.97	2.75	1.83								
A-3	320	120	331	842	562	0.38	32	30	3.5	0	2562	泌水，保水性不好	5.31
	1	0.38	2.10	2.67	1.78								
A-4	320	126	577	889	598	0.40	28	27	3.2	0	2559	黏聚性差，一边崩塌	5.67
	1	0.40	1.83	2.82	1.90								
A-5	320	126	618	865	576	0.40	30	28	3.0	0.2	2564	工作性较差，泌水	5.71
	1	0.40	1.96	2.75	1.83								
A-6	320	126	659	840	560	0.40	32	22	3.2	0.3	2566	和易性一般	5.92
	1	0.40	2.09	2.67	1.78								

续表

编号	材料组成（kg）					水灰比	砂率（%）	维勃稠度（s）	含气量（%）	坍落度（cm）	实测堆积密度（kg/m³）	外观描述	28d抗折强度（MPa）
	水泥	水	砂	大石	小石								
A-7	320	132	575	887	591	0.42	28	24	3.4	0	2559	和易性差，表面砂率偏小，砂浆厚度不够，不易操作	5.51
	1	0.42	1.83	2.82	1.88								
A-8	320	132	616	862	575	0.42	30	21	3.0	0	2562	和易性一般，有少量泌水	5.84
	1	0.42	1.96	2.74	1.83								
A-9	330	132	657	838	558	0.42	32	18	3.1	0	2566	和易性好，易操作	5.61
	1	0.42	2.09	2.66	1.77								
A-10	330	122	576	889	593	0.38	28	26	3.3	0.3	2558	和易性一般	6.25
	1	0.38	1.80	2.78	1.85								
A-11	330	122	617	865	576	0.38	30	25	3.0	0	2562	表观特征一般，不易操作	6.31
	1	0.38	1.93	2.70	1.80								
A-12	330	122	659	839	560	0.38	32	23	3.0	0	2562	和易性较好，易操作，适用	6.51
	1	0.38	2.06	2.62	1.75								
A-13	330	128	575	886	591	0.40	28	25	3.2	0	2568	砂率偏小，有少量泌水	6.44
	1	0.40	1.80	2.77	1.85								
A-14	330	128	616	862	574	0.40	30	24	3.0	0	2573	泌水，黏聚性、保水性一般	6.60
	1	0.40	1.92	2.69	1.79								
A-15	330	128	657	837	558	0.40	32	22	3.1	0.3	2571	和易性较好，易操作，适用	6.39
	1	0.40	2.05	2.62	1.74								
A-16	330	134	573	884	589	0.42	28	20	3.2	0.3	2570	和易性较好，易操作	6.53
	1	0.42	1.79	2.76	1.84								
A-17	330	134	614	859	573	0.42	30	18	2.8	0.5	2569	和易性好	6.77
	1	0.42	1.92	2.68	1.79								
A-18	330	134	655	835	556	0.42	32	19	3.0	0.5	2572	和易性好，易操作，适用	6.51
	1	0.42	2.05	2.61	1.74								

6.5.1.2 碎石、机制砂掺引气剂方案（二）

方案（二）试配结果见表 6-18。

表 6-18 方案（二）试配结果

编号	材料组成（kg）					水灰比	砂率（%）	维勃稠度（s）	含气量（%）	坍落度（cm）	实测堆积密度（kg/m³）	外观描述	28d抗折强度（MPa）
	水泥	水	砂	大石	小石								
B-1	320	122	576	889	593	0.38	28	38	3.5	0	2560	表面偏干，操作困难	5.63
	1	0.38	1.80	2.78	1.85								

续表

编号	材料组成（kg）					水灰比	砂率（%）	维勃稠度（s）	含气量（%）	坍落度（cm）	实测堆积密度（kg/m³）	外观描述	28d抗折强度（MPa）
	水泥	水	砂	大石	小石								
B-2	320	122	617	865	576	0.38	30	34	3.2	0	2557	和易性不好，不易操作	5.33
	1	0.38	1.93	2.70	1.80								
B-3	320	122	659	839	560	0.38	32	32	3.3	0	2559	和易性一般，操作一般	5.51
	1	0.38	2.06	2.62	1.75								
B-4	320	128	575	886	591	0.40	28	33	3.0		2562	泌水，砂浆厚度一般，易操作	5.48
	1	0.40	1.80	2.77	1.85								
B-5	320	128	616	862	574	0.40	30	35	2.6	0.3	2559	和易性好，易操作	5.83
	1	0.40	1.92	2.69	1.79								
B-6	320	128	657	837	558	0.40	32	28	2.9	0.3	2561	和易性好，表观特征一般	5.77
	1	0.40	2.05	2.62	1.74								
B-7	320	134	573	884	589	0.42	28	26	2.8	0	2561	和易性一般，有少量泌水	5.81
	1	0.42	1.79	2.76	1.84								
B-8	320	134	614	859	573	0.42	30	22	2.8	0.2	2559	和易性好，易操作，砂浆厚度偏薄	5.64
	1	0.42	1.92	2.68	1.79								
B-9	320	134	655	835	556	0.42	32	20	2.6	0	2562	和易性好，砂浆厚度好，适用	5.79
	1	0.42	2.05	2.61	1.74								

6.5.2　试配结果分析

6.5.2.1　拌合物工作性测试

按照《民用机场飞行区水泥混凝土道面面层施工技术规范》（MH 5006—2002）中对混凝土拌合物的稠度的规定"混凝土混合料的稠度试验，采用坍落度测试时，坍落度应小于 0.5cm；采用维勃稠度仪控制稠度时，应大于 20s"，根据实践经验，维勃稠度一般控制为（20±2）s。

本次试验中所有配合比均对混凝土拌合物的工作性进行了测试，采用维勃稠度仪，测试混合料的维勃稠度，以此指标作为混凝土拌合物工作性的评判依据。

从 6.5.1 试配结果中可以看出，当砂率固定时，维勃稠度会随着水灰比的减少而增大，维勃稠度和砂率的关系并不是一个简单的线性关系，而是先随着砂率的增加而减小，之后又随砂率的增加而增大，存在一个较佳的砂率值。当水灰比很小时，由于水泥砂浆的稠度很大，拌合物的流动性很小，除添加适量减水剂外，则需要通过增加砂率来增加砂浆量，因为适当地提高砂率可以降低水泥砂浆的稠度，增加混凝土拌合物的流动性，同时提高水泥砂浆的密实程度。所以，在水灰比很小时，采用的砂率都较高。通过试验结果可以看出，配合比 A-15、A-18、B-9 各项工作性能满足规范要求，且相比较之下配合比 A-15 的混凝土拌合物具有更好的黏聚性和保水性，骨料表面的水泥浆体均匀，没有出现离析、泌水等现象，混凝土拌合物能够满足现场施工对混凝土工作性的要求。

6.5.2.2 抗折强度测试

根据国标以及民航规范要求，本次试验每个配比均制作6组抗折试件，每组三块试件，试件大小100mm×100mm×400mm。根据《民用机场水泥混凝土面层施工技术规范》（MH 5006—2015）附录A中的混凝土抗折强度试验方法，采用三分点加荷，对试件进行抗折强度测试。

6.5.2.3 耐久性（抗冻性）测试

本次配合比试验中，根据《普通混凝土长期性能和耐久性能试验标准》（GB/T 50082—2009）制作100mm×100mm×400mm抗冻试件。采用快冻法，对试件进行冻融试验。

一、道面混凝土耐久性（抗冻）试验方法

1. 性能指标

（1）相对动弹性模量

混凝土相对动弹性模量按下式计算：

$$P = \frac{f_n^2}{f_0^2} \times 100$$

式中　P——经 n 次冻融循环后试件的相对动弹性模量（%）；

f_n——冻融 n 次循环后试件横向基频（Hz/s）；

f_0——试验前试件的横向基频（Hz/s）。

（2）质量损失率

试件冻融后质量损失率按下式计算：

$$W_n = \frac{m_0 - m_n}{m_0} \times 100$$

式中　W_n——n 次冻融循环后试件的质量损失率（%）；

m_0——冻融前的试件质量（kg）；

m_n——n 次冻融后的试件质量（kg）。

当混凝土相对动弹模量降低至小于或等于60%；或质量损失达5%时的循环次数，即为混凝土的抗冻等级。

2. 试件

初始抗压强度、抗折强度和抗冻试件均采用中抗压强度。采用抗折试件端头的部分进行测试，100mm×100mm×400mm 的试件，其所测强度均采用三块试件的平均值，若出现某一试件强度与平均值偏差超过15%则舍弃。

3. 性能测试

混凝土动弹性模量采用共振仪法测定。仪器采用共振法混凝土动弹性模量测定仪（简称共振仪）：输出频率可调范围为100~20000Hz，输出功率应能激励试件产生受迫振动，以便能用共振的原理定出试件的基频振动频率。

二、混凝土冻融试验过程

冻融试验依照我国交通行业标准《公路工程水泥及水泥混凝土试验规程》（JTG E30—2005）中水泥混凝土路面抗冻性试验规定，采用快冻法。仪器采用快速冻融试验机。采用截面为 100mm×100mm×400mm 的棱柱体混凝土试件，每组三块，试验龄期 28 天。在规定龄期的前 4d，将试件放在（20±3）℃的水中浸泡，水面至少高出试件 20mm。浸泡 4d 后进行冻融试验。浸泡完毕，取出试件，用湿布擦去表面水分。按共振仪法测出横向基频，并称其质量，作为评定抗冻性的起始值。将试件放入橡胶试件盒，加入清水，使其没过试件顶面约 5cm。将装有试件的试件盒放入冻融试验箱的试件架。每次冻融循环在 3h 内完成，其中用于融化的时间不得小于整个冻融时间的四分之一。在冻结和融化终了时试件中心温度分别控制在（−17±2）℃和（5±2）℃。中心温度以测温标准试件实测温度为准，温度的允许偏差为±0.5℃。试验箱内，各个位置上的每个试件从 3℃降至−16℃所用的时间，不得小于整个受冻时间的二分之一；每个试件从−16℃升至 3℃所用的时间也不得少于整个融化时间的二分之一；试件内外温差不宜超过 28℃；冻和融之间的转换时间不应超过 10min。

浸泡完毕后，取出试件，用湿布擦去表面水分，测横向基频，并称其质量，作为评定抗冻性的起始值。每隔 25 次冻融循环对试件进行一次横向基频的测试并称重。冻融试验达到以下三种情况的任何一种时，即可停止试验。

（1）冻融循环次数达到 300 次；

（2）试件的相对动弹性模量下降至 60%以下；

（3）试件的质量损失率达到 5%。

三、耐久性试验结果与分析

对工作性及抗折强度满足要求的混凝土配合比 A-15、B-9 混凝土进行抗冻性能测试，对混凝土试件的质量损失以及混凝土试件的相对动弹性模量损伤进行了试验测试，并且得出了推荐配合比的抗冻性能指标，见表 6-19～表 6-22。

表 6-19　混凝土耐久性（抗冻）试验结果（配合比 A-15）

冻融次数	平均质量（g）	平均谐振频率（Hz）	质量百分比（%）	质量损失率（%）	相对动弹模量百分比（%）	相对动弹模量损失率（%）
0	10540	2527	100.00	0.00	100.00	0.00
25	10540	2520	100.00	0.00	99.72	0.28
50	10538	2498	99.98	0.00	98.85	1.15
75	10525	2487	99.86	0.11	98.42	1.58
100	10515	2480	99.76	0.24	98.14	1.86
125	10489	2473	99.52	0.48	97.86	2.14
150	10476	2469	99.39	0.61	97.70	2.30
175	10465	2455	99.29	0.71	97.15	2.85
200	10455	2443	99.19	0.81	96.68	3.32
225	10443	2438	99.08	0.92	96.48	3.52
250	10425	2416	98.91	1.09	95.61	4.39
275	10411	2402	98.78	1.22	95.05	4.95
300	10389	2384	98.57	1.43	94.34	5.66

表6-20 混凝土耐久性（抗冻）试验结果（配合比 B-15）

冻融次数	平均质量（g）	平均谐振频率（Hz）	质量百分比（%）	质量损失率（%）	相对动弹模量百分比（%）	相对动弹模量损失率
0	10550	2541	100.00	0.00	100.00	0.00
25	10535	2536	99.86	0.14	99.80	0.20
50	10521	2526	99.73	0.27	99.41	0.59
75	10513	2518	99.65	0.35	99.09	0.91
100	10500	2506	99.53	0.47	98.62	1.38
125	10486	2484	99.39	0.61	97.76	2.24
150	10463	2466	99.18	0.82	97.05	2.95
175	10441	2443	98.97	1.03	96.14	3.86
200	10411	2417	98.68	1.32	95.12	4.88
225	10386	2391	98.45	1.55	94.10	5.90
250	10355	2378	98.15	1.85	93.59	6.41
275	10331	2344	97.92	2.08	92.25	7.75
300	10298	2311	97.61	2.39	90.95	9.05

表6-21 混凝土耐久性（抗冻）试验结果（配合比 C-6）

冻融次数	平均质量（g）	平均谐振频率（Hz）	质量百分比（%）	质量损失率（%）	相对动弹模量百分比（%）	相对动弹模量损失率（%）
0	10347	2553	100.00	0.00	100.00	0.00
25	10339	2552	99.92	0.08	99.96	0.04
50	10329	2541	99.83	0.17	99.53	0.47
75	10302	2526	99.57	0.43	98.94	1.06
100	10287	2501	99.42	0.58	97.96	2.04
125	10131	2436	97.91	2.09	95.42	4.58
150	10063	2401	97.26	2.74	94.05	5.95
175	9910	2334	95.78	4.22	91.42	8.58
200	9762	2294	94.35	5.65	89.86	10.14

表6-22 混凝土耐久性（抗冻）试验结果（配合比 D-9）

冻融次数	平均质量（g）	平均谐振频率（Hz）	质量百分比（%）	质量损失率（%）	相对动弹模量百分比（%）	相对动弹模量损失率（%）
0	10443	2562	100.00	0.00	100.00	0.00
25	10337	2550	99.08	0.92	99.53	0.47
50	10319	2543	98.91	1.09	99.26	0.74
75	10300	2522	98.73	1.27	98.44	1.56
100	10266	2516	98.40	1.60	98.20	1.80
125	10113	2352	96.93	3.07	91.80	8.20
150	9877	2261	94.67	5.33	88.25	11.75
175	9766	2174	93.61	6.39	84.86	15.14
200	9648	2101	92.48	7.52	82.01	17.99

1. 混凝土试件的质量损失

在冻融循环中，混凝土试件体积密度和质量的变化是由于水分出入混凝土内部的迁移导致表层剥落和开裂而造成的，质量损失或体积密度的变化是与混凝土水灰比的高低、含气量的高低密切相关。图 6-25 中给出了四组配合比混凝土质量随冻融循环次数的变化情况。

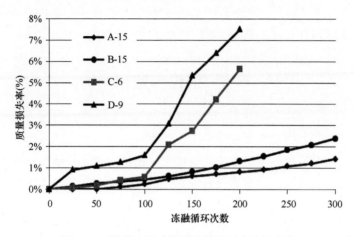

图 6-25　混凝土的质量随冻融循环次数的变化

通过试验结果可以看出，随着混凝土冻融次数的增加，混凝土在冻融过程中质量损失率均随着冻融次数的增加而逐渐增大，从而导致混凝土的抗冻性逐渐下降。

配合比 A-15 及 B-9 满足试件的质量损失率小于 5％的要求，即配合比混凝土的抗冻性能达到了 D300 的要求。

2. 混凝土试件的相对动弹性模量损失

从图 6-26 中可以看到，混凝土的相对动弹性模量随冻融循环次数增加而呈现的衰减趋势。配合比 A-15 的混凝土抗冻性较高，经过 300 次冻融循环后，相对动弹性模量仍在90％以上。由此可以看出，掺入外加剂的混凝土抗冻性均较高。

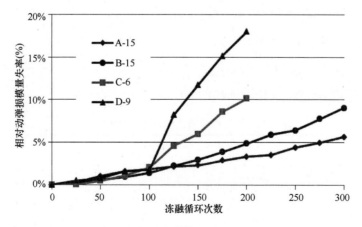

图 6-26　混凝土的相对动弹模量随冻融循环次数的变化

3. 混凝土配合比耐久性（抗冻性）试验结果分析

通过比较四种方案的配合比试验数据，掺入河砂的配合比 A-15 相比掺入机制砂的配合比 B-9 耐久性试验结果有着较为明显的优势。配合比 A-15 耐久性能表现较为突出，试验数据均匀稳定，经过 300 次冻融循环质量损失率在 1％以内，相对动弹性模量均仍在 90％以上，均满足《普通混凝土长期性能和耐久性能试验标准》（GB/T 50082—2009）中试件的质量损失率小于 5％，相对动弹性模量大于 60％的要求，即配合比 A-15 混凝土的抗冻性能达到了冻融循环 300 次即 D300 的技术要求。

6.6 结论与建议

6.6.1 配合比试验结论

在完成了北京周边原材料调研工作的基础上，比选出满足规范要求的原材料，进行了取样和相关物理化学性能检测，在原材料参数合格的前提下，开展了本次水泥混凝土配合比优化设计与试验，试验结论如下：

（1）通过对混凝土原材料水泥、砂、碎石和外加剂物理化学性能包括碱集料反应等进行试验检测，检测结果表明：水泥、砂子、碎石、外加剂等物化指标均满足《民用机场水泥混凝土面层施工技术规范》（MH 5006—2015）中对混凝土原材料的技术要求，可用于北京新机场水泥混凝土道面混凝土设计。

（2）基于合格的混凝土原材料，采用两种配合比设计方案，以正交试验法对混凝土进行了配合比设计。从试配检测结果可以看出，方案（一）的配合比 A-15 在抗折强度及工作性能上有较明显的优势，且耐久性能（抗冻性）试验表现突出。综合考虑实际情况，本着保证设计规定且满足经济合理、便于施工等要求，最终确定试验设计的 A-15 为推荐配合比。

（3）本次水泥混凝土配合比试验最终推荐配合比试验数据符合《公路水泥混凝土路面施工技术细则》（JTG/T F30—2014）混凝土弯拉强度合格标准，且精度满足要求；抗折强度满足以 28d 抗折强度≥5.0MPa；混凝土抗冻性达到 D300 次冻融循环。

6.6.2 建议配合比

根据第 5 章和第 6 章的试验，建议配合比如下：

（1）跑道用的抗折强度 5MPa 干硬性混凝土配合比见表 6-23。

表 6-23　建议目标配合比（跑道）

每立方米混凝土各种材料用量（kg）					
水泥	砂	碎石（mm）		水	引气剂
		20～40	5～20		
330	657	837	558	128	6.4

其中：水灰比（W/C）：0.40，砂率（S_p）：＝32％，减水剂掺量：2.0％，单位用水量已考虑外加剂所含水量。

（2）桥梁、地下管廊等用的泵送用 C40 混凝土配合比（试验过程详见第 5 章内容）见表 6-24。

表 6-24　建议目标配合比（桥梁、地下管廊）

水泥 （kg）	碎石（5～37.5mm）规格 （kg）	砂 （kg）	粉煤灰 （kg）	水 （kg）	坍落度 （mm）	外加剂 （%）
370	1170	710	60	152	220	3.5

进行生产配合比设计时，原材料来源及混凝土配合比可以依据目标配合比进行微调整。

第7章　道面混凝土施工

民航一般把机场建设分为两个部分：一部分称为航站区；另一部分称为飞行区。航站区是指旅客和机场管理人员能够通行的区域；飞行区是指飞机通行的区域。对工程质量管理而言，飞行区的工程质量由民航的质检总站进行管理；航站区的工程质量由地方政府的质检站进行管理。本书主要介绍的是飞行区工程混凝土质量技术的经验总结。飞行区工程主要也分为两个部分：一部分是供飞机走行的区域，我们称为道面工程；另一个部分是指飞机走行区域内的地下管廊、地下汽车通道、桥梁等。本章介绍的是新机场道面混凝土施工的方法及遇到的问题、相应的解决方案等。

指挥部通过公开招标，共确定了14家施工单位进场施工，3家监理单位进场监理，名称如下：

1. 施工单位

（1）场道1标：中国航空港建设第十工程总队；

（2）场道2标：中国电建集团航空港建设有限公司；

（3）场道3标：中交一航局第四工程有限公司；

（4）场道4标：北京金港场道工程建设股份有限公司；

（5）场道5标：北京中航空港建设工程有限公司；

（6）场道6标：西北民航机场建设集团有限责任公司；

（7）场道7标：中国航空港建设第三工程总队；

（8）场道8标：中铁北京工程局集团有限公司；

（9）场道9标：四川省场道工程有限公司；

（10）场道10标：中国航空港建设第七工程总队；

（11）场道11标：河北建设集团股份有限公司；

（12）场道12标：中国航空港建设第八工程总队；

（13）场道13标：中国航空港建设第二工程总队；

（14）场道14标：中国华西企业有限公司。

2. 监理单位

（1）监理1标：西安西北民航项目管理有限公司；

（2）监理2标：北京颐和工程监理有限责任公司；

（3）监理3标：北京中企建发监理咨询有限责任公司。

民航机场水泥混凝土道面施工采用传统人工配合小型机具施工，本文主要对人工辅助小型机具铺筑法施工水泥混凝土道面进行详细说明。

人工辅助小型机具铺筑法摊铺水泥混凝土道面主要施工工艺有施工准备、原材料检验及配合比设计、模板制安、混凝土配合比设计、搅拌、运输、摊铺施工、拉毛、养护、刻槽、接缝设计等。道面混凝土施工工艺流程如图7-1所示。

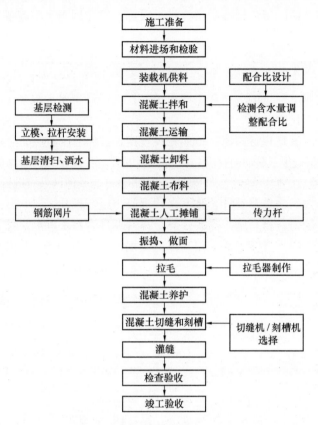

图 7-1　道面混凝土施工工艺流程

7.1　施工准备

7.1.1　施工组织

施工单位收到施工图纸后，必须组织专人对图纸进行审查，审查的主要内容有图纸是否完整、齐全、清楚；是否符合国家有关技术规范；图纸中的尺寸、坐标、轴线、各种节点是否准确；与施工现场或其他专业图纸是否存在矛盾；设计中所选的各种材料、构配件的采购、施工技术上有无困难等；并参加建设单位组织的设计交底会上提出相关问题及合理化建议。

根据设计图纸、施工合同、摊铺方式、机械设备、施工条件等确定水泥混凝土面层施工工艺流程，编制详细的施工方案，并报监理单位进行审批。

对施工、试验、机械、管理、安全环保等岗位人员进行培训，对所属施工队进行安全技术交底。

布设施工测量控制网，并做好保护措施。

施工前应妥善解决水电供应、道路交通、混凝土拌合站、材料堆放场地、仓库、钢筋加工场等。摊铺现场和拌合站之间应建立有效的通信联系。

施工现场及拌合站区域应做好防洪、排水设施，防止因雨水引起各种次生灾害及对原材料进行毁坏。

7.1.2 拌合站设置

各施工单位按照工程量的大小和工期要求，在现场设置水泥混凝土拌合站，料场及拌合站采用钢结构全面封围。

拌合站的设置应满足现行国家、行业相关规定，并符合下列要求：

（1）宜用硬质围挡板或砖墙对拌合站区域进行围蔽，合理布局拌合站的办公区、作业区、材料储备区及设备停放维修区等各个功能分区，且办公区与其他区域应进行有效分隔；

（2）拌合站场内运输道路及拌合楼下采用混凝土进行硬化；

（3）拌合设备能力应符合施工需要，满足高峰期拌合料不间断供给；

（4）作业区宜采用不等高平面，由高往低分别设置砂石料场、拌合设备、蓄水池、车辆清洗专区及余料专区等（图 7-2）；

图 7-2 拌合站作业分区设置

（5）对拌合站料仓、拌合设备、配料斗、设备传送带等易扬尘部位应进行封闭，同时在料仓内配置除尘设备；

（6）拌合站内设置电子自动计量装置，拌合数据传输系统、视频监控系统以及信息管理系统等；

（7）施工前应至少提前储备正常施工 15～20d 的原材料，对施工现场各种材料均应按要求进行分类堆放，悬挂标识牌，并做好保护措施，主要包括：露天材料堆放场地应平整坚实，设置排水坡度，并对材料进行上盖下垫；水泥、外加剂及其他细颗粒材料应入库存放；金属等材料应做好苫盖，并保持场地干燥。

7.1.3 劳动力配备计划

各施工单位根据本单位所承担工程项目的特点和施工进度的实际需要，按照招标文件要求进行劳动力的配备，每个混凝土施工作业班组 65 人，其中技术工人占比 60% 以上。

根据现场工程进展情况，如果需要赶工，可随时增加施工作业班组，一般每个作业面两班轮流施工。

7.1.4　机械配置计划及保证措施

本工程施工工程量大，工期紧张，必须配备专业性强、生产效率高、性能好的施工机械，以保证混凝土的生产能力，优质、按期、安全地完成施工任务。

为保证机械能够满足现场生产的需要，每个施工单位的一个标准搅拌站按需求数量的150％配置，按照90％的机械设备完好率，保证工期节点顺利完成。每个搅拌站配套投入的机械设备数量见表7-1。

表 7-1　投入的机械设备数量

序号	机械名称	厂家	型号	数量	备注
1	混凝土搅拌站		HZS180	1	
2	混凝土搅拌站		HZS120	1	
3	高频排振		PSZDJ-5	4	
4	平板振捣器		自制	4	
5	振动梁		自制	6	
6	跳板		自制	8	
7	滚杠		自制	4	
8	钢模板		各种型号	3000m	
9	切缝机		NT-500 汽油	10	
10	发电机		400kW	1	
11	发电机		120kW	2	
12	发电机		75kW	2	
13	照明车			6	
14	挖掘机	日立	Zh200-5A	3	
15	自卸车	一汽解放	8 方	8	
16	装载机	徐工	ZL50G	6	
17	洒水车	北京	Q5140A	6	
18	油车	北京	1118G	2	

施工中各种小型机具如图7-3～图7-10所示。

图 7-3　高频排振在工作　　　　图 7-4　平板振捣器在工作

图 7-5　木行夯（也称条夯）在工作

图 7-6　滚筒在工作

图 7-7　抹面

图 7-8　拉毛

图 7-9　切缝

图 7-10　道面刻槽

7.1.5　施工材料计划及保证措施

工程需要的各种材料，经飞行区中心实验室和监理单位共同调查择优选定，并经监理单位认定后组织进场、投入使用。

施工单位实验室在规范要求的基础上对进场工程材料增加检验频率，杜绝不合格材料进场。

对材料验收人员和检测人员实行材料质量责任追究制度。

施工单位必须无条件服从业主、飞行区中心实验室、监理单位及设计单位对材料质量的监督。

施工单位必须对所有进场的水泥、钢材、砂、碎石，索要原始材质化验单，经工地实验室复试合格后，方可进场使用，同时定期、不定期地随机分批抽查。

施工单位必须对每批进场水泥验收时要做好抽查、检验记录。对不同时间进场的水泥分库、分罐储存，设明显标识，遵循"先进先用"的原则。

施工单位必须对进场的砂、碎石等材料要按品名、规格分类堆放并设标识牌，填写《现场验收记录》。当遇雨天或有其他不宜材料进场的原因时，暂停进料，防止污染。

施工单位必须对材料采购全过程按设计规定进行控制，确保材料质量符合规定。现场材料的贮存、保管设专人、专库，并认真填写《入库单》。

7.1.6　基层处理

道面混凝土施工前，地基部分必须完工并通过指挥部组织的验收，为防止基层产生反辐射裂缝，设计上基层与道面混凝土层之间满铺隔离层，主要的隔离层材料有沥青砂、沥青封层、复合土工膜、土工布、石屑等。

7.1.7　模板制作与安装

在验收通过后的基层上，使用电子全站仪，根据道面分块尺寸和位置测定出各分块交点，并用墨斗在实地弹线连接作为模板平面位置的依据，模板的高程使用水准仪进行控制。

模板采用钢模板，在道面的弯道部分、异形部位采用木模。钢模板采用 5mm 厚冷轧钢板冲压制成，并加工成阴企口形式，长度以 5m 为主，钢模板支撑为 4 个焊接角钢三角架与 2 个法兰交叉支撑。木模板采用烘干的松木或杉木，厚度为 2~3cm，内壁、顶面与底面刨光，拼接牢固，角隅平整无缺。混凝土铺筑以采用纵向连续铺筑的方法，一次铺筑长度应不大于 150m 为宜，立模采用"支一行、空一行"或空奇数行的支模形式（图 7-11）。

模板安装前先由测量人员测定模板位置，每 10m 定位一次，采用墨斗弹线的方法进行定位。

模板采用钢钎固定，钢钎打入前先用电锤钻孔，再将钢钎打入水泥碎石基层。模板与基层缝隙较大时，应采用水泥砂浆对模板底部进行封堵。施工时模板底部用油毡折成 90° 进行遮挡，模板接缝处粘贴油毡，防止混凝土摊铺时漏浆。模板与混凝土接触面应涂隔离剂。

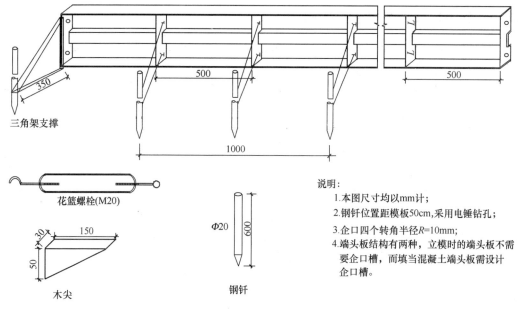

说明:
1. 本图尺寸均以mm计;
2. 钢钎位置距模板50cm,采用电锤钻孔;
3. 企口四个转角半径 $R=10mm$;
4. 端头板结构有两种,立模时的端头板不需要企口槽,而填当混凝土端头板需设计企口槽。

图 7-11　模板安装

图 7-12　混凝土铺筑时模板检查

模板支好后,用经纬仪、水准仪对其位置、顶面标高、节点连系及纵横向进行检查、调整。

在混凝土铺筑过程中,设专人跟班检查,发现模板变形及有垂直和水平移动等情况,及时纠正。模板与混凝土接触面应涂隔离剂(图7-12)。

封头模板在支立传力杆时,采用传力杆托架进行支撑,使传力杆在同一水平线上。传力杆架立好后,禁止扰动传力杆。

7.1.8　施工质量要求

施工质量要求是在指挥部、中心实验室、监理和施工单位共同研究后,以监理的名义下发各施工单位执行。

(1)施工单位施工前必须按照中心实验室和监理批准的配合比成果做混凝土试验段,在取得能满足设计的质量要求、施工工艺流程的可靠参数并报监理审核后,才允许进行正式混凝土道面的施工。

(2)施工单位必须主动和气象部门取得联系,以取得机场范围内准确的天气预报。特别是恶劣气候,如高温、大风及雨天的天气预报,以便正确指导生产并防止给工程质量带来损害。应在气温28℃以上停止施工。

(3)独立仓的长度一般以一个45人的作业队在12h内能够完成的工程量来确定,独立仓一般以不大于150m为宜。填仓的时间要根据气温来定。一般在邻板完成72h后方进行。填仓的距离最长以不超过 200m 为宜。

（4）混凝土混合料的拌和应严格按有关干硬性混凝土的拌和要求进行操作，每天按配合比通知单拌料，施工单位有权根据天气情况自己决定在后台减水；若遇到大风高温等特殊天气需要加水时必须征得监理同意。

（5）混合料的拌和应严格按拌和规程进行操作，拌和时间不应低于 90s，工作电压不应小于 350V，也不宜大于 420V。应配备打印系统以便抽检，调试正常后方可进行混凝土混合料的拌和，以提高配料的准确性。

（6）布料、振捣和滚筒等作业各施工单位按经验进行，抹子遍数暂时按五遍考虑，即三道木抹子和二道铁抹子，待试验段取得数据后可进行适当调整。

（7）拆模时间应视气温而定（一般在 20h 以上为宜）。

（8）养护：混凝土浇筑完成后应加强养护及道面的管理工作，禁止车辆行驶，限制人员通行，在 14d 的养护期间内特别要加强对道面洒水养护，保持道面始终处于湿润状态。

7.2　施工过程与工艺要求

为了达到无裂缝施工的目的，指挥部、中心实验室、监理和施工单位一起，对施工的每个环节进行详细研究，制订方案，确保将裂缝产生的可能性降到最低。到 2017 年 4 月，几家施工单位陆续做好了道面混凝土施工的一切准备，监理首先批准场道 1 标中国航空港建设第十工程总队和场道 2 标中国电建集团航空港建设有限公司及场道 4 标北京金港场道工程建设股份有限公司，三家单位进行试验性施工，2017 年 4 月 20 日，场道 2 标中国电建集团航空港建设有限公司开始试验段施工，2017 年 5 月 2 日，场道 4 标北京金港场道工程建设股份有限公司开始试验段施工，2017 年 5 月 10 日，场道 1 标中国航空港建设第十工程总队开始试验段施工。

本处主要以场道 4 标北京金港场道工程建设股份有限公司为例，详细叙述施工过程和工艺技术要求。

2017 年 5 月 2 日，场道 4 标北京金港场道工程建设股份有限公司开始试验段施工。当时天气：阴，气温：18℃，风力 2 级。

通过试验段施工，主要达到如下目的：

（1）检验砂、石、水泥及用水量的计量控制情况，每盘混合料搅拌时间、混合料均匀性等。

（2）确定混合料铺筑预留振实的沉落度、检验振捣器功率及振实混合料所需时间，检查混合料整平和做面工艺，确定拉毛、养护、拆模及切缝的最佳时机。

（3）通过不同毛刷的对比，确定大面积混凝土施工采用的毛刷。

（4）观察测定混凝土强度增长情况，检验抗折强度是否符合设计要求及施工配合比是否合理。检验施工组织方式、机具和人员配备以及管理体系。

（5）检验试验段的施工工艺、技术指标是否达到设计要求，如某项指标未达到设计要求，应分析原因进行必要的调整，直到各项指标均符合设计要求为准。

开工前对工人进行开工前动员和技术交底，如图 7-13 所示。

图 7-13　2017 年 5 月 2 日开工前对工人进行开工前动员和技术交底

7.2.1　混凝土搅拌及运输

7.2.1.1　混凝土搅拌

混凝土采用 HZS180 双卧轴强制式搅拌机进行搅拌，容量不宜小于 1.8m³。

施工前先检测粗细骨料的含水量，并根据天气情况适当调整施工配合比，拌制混凝土时，严格按当日实验室签发的混凝土配合比校正通知单进行配料，严禁擅自更改。

搅拌机装料顺序为细骨料—水泥—粗骨料。进料后边搅拌边均匀加水，水应在拌和开始后 15s 内全部进入搅拌机鼓桶，外加剂溶液应在 1/3 用水量投入后开始投料，并于搅拌结束 30s 之前应全部投完（图 7-14）。

每罐混合料卸净后，方可向搅拌筒内投料。每盘搅拌时间不小于 90s，以混合料搅拌均匀、外观颜色均匀一致为准。

投入搅拌机每盘混合料的数量按混凝土施工配合比和搅拌机容量计算确定，掺加引气剂的混凝土每盘搅拌容量不大于搅拌机额定容量的 90%。混凝土混合料按质量比计算配合比，其允许误差应符合表 7-2 要求。

表 7-2　搅拌机原材料计量允许误差

材料	允许误差（%）
水泥	±1
粉煤灰	±1
水	±1
骨料	±2
纤维	±1
外加剂	±1

图 7-14　搅拌机

7.2.1.2　混凝土运输

采用自卸汽车将混凝土以最短的时间运到铺筑地段。运输时应符合下列规定：

（1）自卸车后挡板关闭紧密，运输时不漏浆撒料，车厢板平整光滑。

（2）运送的车辆装料前，应清洗车厢，撒水润壁，排干积水。装料时，自卸车应挪动车位，装料均匀，防止离析。

（3）搅拌楼卸料落差不大于 1.5m，卸料后盛器内保持干净，不得存有杂料。

（4）混凝土从拌合楼完成拌和到卸放至施工现场进行摊铺的时间不超过 30min，运输车途中不得随意耽搁。

（5）运输混凝土必须与施工进度相适应，以确保从搅拌到成型的时间不超过混凝土初凝时间。

（6）运输道路路况良好，控制车辆行驶速度，避免车辆颠簸造成混凝土离析。

（7）车辆倒车及卸料时，有专人指挥，卸料到位，出料口与车厢板不大于 1.5m，严禁碰撞施工设备及模板，一旦碰撞模板，应立即进行校模。卸料完毕，车辆应迅速离开。

7.2.1.3　试验段铺筑

混凝土摊铺的长度为 150m，混凝土摊铺前，对基层、模板安装进行检查，并配置防晒、防风和防雨设施。

混凝土布料方式采取正向方式，自卸汽车正向倒退驶入摊铺道，直接把混凝土卸入仓内，边行走边卸。仓面上小型挖掘机对卸料进行挖高补低、初步平整，摊铺时混凝土需预留振实的坍落度，坍落度由现场试验确定，控制为 0～5mm，混凝土松铺系数控制为 $K=$ 1.10～1.25。混凝土布料如图 7-15 所示。

模板内钢筋笼、灯坑部位或边部设有拉杆、传力杆时，采用低频插入式振捣器进行人工辅振。插入式振捣器功率为 1.1kW，振动频率 50Hz，辅振时按照"行列式"或"交

图 7-15 混凝土布料

错式"的次序移动，插入时快速插入慢慢提起，每棒移动距离不大于其作用半径的 1.5 倍或按照 30cm 控制，其与模板距离小于振捣作用半径的 0.5，振捣时间为 10～20s，并不宜过振，以混凝土停止下沉、不再冒气泡并表面泛浆为准（图 7-16）。

在振捣过程中，辅以人工找平，铲高补低，然后再次振捣，以求振捣工序完毕后，呈现出既有乳浆又大致平整的表面。振捣过程中随时检查模板及其上部的传力杆、拉杆有无变形、位移或松动。采用平板振动器将表层较大颗粒振入混凝土中并初步提浆、初平。

如图 7-17 所示，各级领导和管理人现场指导试铺。

图 7-16 混凝土振捣

图 7-17　各级领导和管理人员现场指导试铺

7.2.1.4　传力杆、拉杆

传力杆采用 HPB300 级光面钢筋，两端用砂轮机打磨光滑倒角，确保传力杆平直，长度误差不超过 ±10mm。表面需除去老锈。涂刷沥青层的一端，其涂刷长度见设计图纸，其涂层厚度不小于 1mm。

施工缝均设传力杆，埋设传力杆时采用专用托架固定，以保证传力杆位置准确（图 7-18）。传力杆按设计位置准确安放，不得左右或上下倾斜，其误差不大于 5mm。所以在安放传力杆后，插入式振捣器不得在传力杆部位振捣。

在混凝土铺筑前，将传力杆按设计图纸要求的间距绑扎在传力杆托架上，待传力杆缩缝位置处的混凝土铺筑并振实至稍高于板厚的 1/2 时，在设计位置准确的安放托架，使托架上的传力杆长度中点位于接缝处，用平板振捣器振动托架，绑扎在托架上的传力杆水平地振入混凝土，使传力杆位置处于板厚的中部。继续在传力杆托架上铺筑混凝土至设计高度，用平板和插入式振捣器将托架内及其周围的混凝土振实，然后剪断并从混凝土中拔出绑扎传力杆的铁丝，从板的两侧同时提起托架，传力杆就可按设计位置留在混凝土中，然后继续完成混凝土表面振平、做面等作业。

拉杆一般布置在水泥混凝土道面纵向缝中，采用螺纹钢，以一定的间隔排列，布置在混凝土道面板的中间部位，对左右两幅水泥混凝土道面板起到牵引作用，防止道面板错动和间隙扩大。

在模板的制作时，根据拉杆的间距在模板上预留好孔洞，同时焊接拉杆支撑架。施工时，只需将拉杆通过模板孔洞安放在支撑架上即可，但振捣混凝土时，有专人检查、调整拉杆位置，防止因混凝土振捣而导致拉杆变形。

7.2.1.5　钢筋网补强、角隅补强

个别道面中线灯核坑所在的道面板，采用孔口钢筋补强（图 7-19）。排水暗沟、供油管线、给水管线、污水管线、中水管线、综合管廊、地下穿越道等上部的道面板及道面胀缝两侧的道面板采用双层钢筋网补强。

图 7-18　传力杆的安放过程

图 7-19　孔口钢筋

在纵缝变换方向处、道面胀缝两侧的道面板及与规划道面相接处的道面板板边采用单侧平缝加筋对道面板进行补强。

单层钢筋网的位置应符合设计要求，在底部混凝土混合料铺筑振捣找平后直接安设。钢筋网片就位稳定后，方可在其上铺筑上部混凝土。

双层钢筋网，对厚度小于 22cm 的道面，上下两层钢筋网可事先以架立钢筋扎成骨架后一次安放就位；厚度大于 22cm 的道面，上下两层钢筋网宜分两次安放（图7-20），下层钢筋网片可用预制水泥小块铺垫，垫块间距不大于 80cm，将钢筋网安放在其上面，上层钢筋网待混合料摊铺找平振实至钢筋网设计高度后安装，再继续其他工序作业。

安放角隅钢筋时，先在安放钢筋的角隅处摊铺混凝土。铺筑高度比钢筋设计位置预加一定的沉落度。角隅钢筋就位后，用混凝土压住，再进行其他工序作业。

图 7-20　双层钢筋网的安放

安放板边加强钢筋时，先沿边缘铺筑一条混凝土，振实至钢筋设计位置高度，然后安放边缘钢筋。

7.2.1.6　混凝土整平、揉浆、找平

对经过振实的混凝土表面，用振动行夯在混凝土表面上缓缓移动，往返整平，直至表面完全平整，一般往返次数不少于 2 次，电动机功率为 2.2kW，频率 2700 次/min（图 7-21）。

图 7-21　振动行夯整平

机场道面设计时都有一定的纵横坡度，针对混凝土的流动性，总结多年的现场施工经验，在振动梁制作时，底面与钢模接触的部位，垫板高差相差 2mm，低端在道面的下坡端行走，以抵消振动梁振动时混凝土的流动对高程的影响。不仅提高了施工速度，又避免了反复挖填对混凝土质量的影响。

整平完毕后采用 φ159mm 滚筒在混凝土面上反复滚揉。揉浆时，操作人员拉动滚筒，让该筒滚揉，砂浆层厚薄均匀后（一般滚揉 3～4 遍），再固定滚筒，两人交互推动滚筒将表面搓平，直至表面形成一个平整、浆层厚薄均匀的平面。灰浆较厚处填加适量细混凝土拍实并重新揉浆。揉浆过程中用铝合金刮板调整砂浆，将多余的浮浆赶尽。然后重复上面两道工序（图 7-22），直到表面呈 3～5mm 厚度均匀干湿一致的薄浆层，用专门测量薄浆厚度的设备环刀筒进行测量。

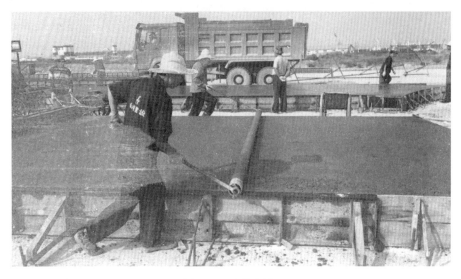

图 7-22 滚筒揉浆

揉浆后，用 6m 长的铝合金直尺检查表面平整度，并在纵横两个方向各压刮 3 遍，如发现个别露头石子，必须用木抹子揉压下去，禁止填稀砂浆，以免收缩出现小坑。表面平整度要求达到 100%。

三辊轴整平机具有前进滚动找平，后退振动揉浆的特点，也常应用于除异形板和填仓以外的道面混凝土的整平与揉浆。

施工时，在浇筑仓面上每一段中行夯整平与滚筒揉浆工序施工完毕后，行夯与滚筒应尽量避免停在道面接缝上。

在混合料仍处于塑性状态时，应用长度不小于 3.0m 的直尺测试表面的平整度，最后用特制的铝合金直尺进行找平，将表面上多余的水和浮浆予以清除。

7.2.1.7 抹面

精平后，根据气温和风力大小（夏季一般 40～70min，冬季一般 2～3h），表面没有明水即可抹面。抹面时，操作人员在工作跳板上进行（如图 7-23 所示用脚手板加垫块搁置在模板上），共五道抹子，即三道木抹和二道钢抹子。

揉浆后随即上第一道木抹，将表面细石揉压平整，使乳浆均匀分布在混凝土表面，浆厚 3mm 左右。第一道木抹抹面后，用尺子按照每块板不少于 6 点（起始板块为 9 点）进行提浆厚度的检测，并确保砂浆厚度控制为 3～5mm 以内，超过标准时应采用换料重振实等方法处理。

混凝土收水适宜后，进行第二道木抹抹面。第二遍要稍用力揉搓，面积适宜随即用钢抹子压实压平表面乳浆，消除砂眼、气孔。

待混凝土表面泌水基本散失时，手指轻按，能沾起较少浆时，便可上第三道木抹抹面，这次木抹子揉搓要用力，使表面乳浆更加均匀地分布于表面。

第一道钢抹子压光后，应用 6m 靠尺检查表面平整度（图 7-24）。随即上第二道钢抹，将砂子压入浆面，混凝土板面光滑平整。

图 7-23　脚手板加垫块搁置在模板上　　　图 7-24　6m 靠尺检查平整度

7.2.1.8　混凝土拉毛

抹面工序完成后，开始人工拉毛，拉毛方向垂直于纵向施工面。毛刷用直径为 3.0mm 粗的尼龙丝编制，每根长 15cm，将尼龙丝分两排逐根排放，在端部用胶水粘牢防止错位，两排间距 5mm，用长度为 50～60cm 两片杉木条将尼龙丝加紧，固定部位长 3cm，保证尼龙丝的有效长度为 12cm，然后用一根长竹竿连接（图 7-25）。

拉毛时由 5m 长铝合金尺作为导向，并经常用尺检查板块两端拉毛纹理线性与道面板接缝的距离，以确保纹理线性与道面接缝平行。毛刷使用时，防止毛刷掉毛、变形、折断，并保持毛刷清洁，同时每拉一刷，用清水除去毛刷上附着的水泥砂浆，防止毛刷结硬，拉毛时，将刷上的水甩干。毛刷使用寿命约为 $10000m^2$，超过使用期限的更换新毛刷。拉毛使混凝土表面经过充分提浆、揉浆、收浆及压光之后，表层浆厚适中。拉毛时间视天气条件及浆的稠度而定，原则是既保证满足设计纹理深度，又不致水泥浆流淌或表面泛砂。通常用手触及时指头表面湿润但不粘砂浆时即可进行拉毛，拉毛时机应在最后钢抹完成后立即拉毛，以免毛刷粘浆影响质量，一般控制在 3h 左右。

7.2.2　拆模

拆模时不得损坏混凝土面层的边角、企口，混凝土面层成型后最早拆模时间应符合表 7-3 的规定。

图 7-25　拉毛刷拉毛

表 7-3　混凝土板成型后最早拆模时间

现场气温（℃）	混凝土板成型后最早拆模时间（h）
5～10（不含10）	72
10～15（不含15）	54
15～20（不含20）	36
20～25（不含25）	24
≥25	18

设置拉杆的模板、拆模前应线调直拉杆，并将模板孔眼里的水泥灰浆清除干净。

拆模后，应按设计要求及时均匀涂刷沥青予以养护，缝隙处不得露白。

拆模后，应将模板清理干净，涂刷脱模剂，并于指定位置堆放。

拆模后，养护还未结束，应继续养护。

7.2.3　混凝土填仓施工

在进行填仓施工时，在混凝土板块侧面涂刷沥青，并清除板块底部封堵模板砂浆，洒水湿润填仓内接触面，同时为防止在浇筑填仓时对相邻道面板块的破坏。

填仓混凝土施工的时间，按两侧混凝土面层最晚铺筑的时间算起，其最早时间应不小于表 7-4 的规定。

表 7-4　混凝土填仓浇筑的最早时间

现场气温（℃）	混凝土填仓浇筑的最早时间（d）
5～10（不含10）	6
10～15（不含15）	5
15～20（不含20）	4
≥20	3

混凝土填仓施工时，在两侧已铺好的混凝土面层覆盖土工布以防止沾浆。在板块边缘加盖镀锌薄钢板（厚度为 0.5mm）以防止振动梁损坏（图 7-26）。

图 7-26　填仓施工

同时，场道 1 标中国航空港建设第十工程总队于 5 月 10 日，场道 2 标中国电建集团航空港建设有限公司于 4 月 20 日也进行了正式工程试验性施工（俗称试打）如图 7-27～图 7-30 所示。

图 7-27　场道 1 标试打现场

图 7-28　场道 2 标试打现场

图 7-29　现场实测试打的质量

图 7-30　进行强度检验

7.3　试打总结

按照指挥部要求，2017 年 6 月 5 日，由中心实验室组织 3 家施工单位和两家监理单位对试打的结果进行总结。

场道 4 标：试验段现场抽检 28d 抗压强度：5.8/5.8/6.4MPa，满足设计要求。

场道 1 标：28d 抗折强度为 6.2/5.8/5.9MPa，满足规范和设计要求。

场道 2 标：试验段现场抽检 28d 抗压强度：5.6/5.8/5.7MPa，满足设计要求。

其他技术指标如平整度、高程和邻板差都符合规范要求，试打成功。

指挥部领导和监理单位宣布，正式施工开始。

会议就施工中每个细节进行了研究，会议最后明确了本机场的几条重要施工要求，要求各施工单位在施工过程中必须执行。

（1）气温 28℃以上，同时风力 4 级以上严禁施工；

（2）搅拌时间必须不少于 90s；

（3）根据一个月以来的试打经验，在标准温度下，各单位可以中心实验室批准配合比的基础上，再降低 5kg 用水量；

（4）虚料摊铺上游高出模板 15cm，下游低于模板 5mm；

（5）木行夯至少行走二遍；

（6）滚筒至少来回三遍；

（7）抹子遍数白天四遍，晚上五遍；

（8）混凝土不粘手立即盖布养护。正式施工如图 7-31 所示。

图 7-31 正式施工

第8章 养 护

本次施工只有场道4标：北京金港场道工程建设股份有限公司采用新型高分子YHM-SP/106T养护膜进行养护。其他施工单位都采用传统的无纺布覆盖的养护方式，下面重点介绍养护膜养护的特点和方法。

8.1 养护特点

（1）高倍节水：养护期间，混凝土路面只需要敷设时浇一次水，可节约养护用水95％以上。

（2）持久保湿：高分子颗粒吸水后体积膨胀300倍，养护期间，混凝土表面始终保持湿润。

（3）有效保温：在混凝土水化热的作用下，膜内温度比外界高4～10℃，在低温施工的环境下更为有利。

（4）良好保温、保湿的双重性能，能有效地抑制微裂缝的产生。养护膜对混凝土早期防裂有一定的预防措施，在气温高时，混凝土会加速水化，更容易产生裂缝，但在湿度高的情况下是不会发生的，这样早期强度的增长加快，混凝土收缩产生的应力小于表面强度速度，从而起到防裂作用。

（5）清洁施工：施工现场整洁，大大提升了施工现场文明施工水平。

（6）经济性好：经测算，养护膜养护成本略低于传统土工布养护成本。

（7）无毒无害：选用的材料可降解，为环境友好产品。

8.2 适用范围

新型高分子YHM-SP/106T养护膜广泛适用于现浇水泥混凝土的养护，包括贫混凝土基层、高速铁路无砟轨道、机场跑道、站坪、港口码头、公路、铁路桥梁、箱梁、涵洞、隧道、水利大坝等水泥混凝土的表面养护。

8.3 工艺原理

YHM-SP/106T养护膜是一种专门用于现浇混凝土养护的产品。它以新型可控高分子吸水材料为核心原料，根据混凝土的水化原理研制而成。其核心材料具有特种官能团，可吸收自重数上千倍的水分，吸水后形成一个微型小水库，由于其自有的特性使养护膜紧贴混凝土表面，流不掉，挤不出，又难以蒸发，但能以毛细管现象在混凝土表面传递和渗透，不间断地提供混凝土养护用水，并反复吸收养护体的蒸发水，因此养护期内虽然只浇一次水，但养护体总能保持湿润90％以上。

8.4　施工工艺流程及操作要点

（1）施工工艺流程。

道面混凝土切缝结束后，立即采用新型高分子 YHM-SP/106T 养护膜进行养护，只需在铺贴时浇水一次，不需再进行浇水，按规范要求湿治养护 14d，具体工作流程如图 8-1 所示。

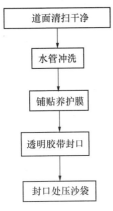

图 8-1　施工工艺流程

（2）提前清扫道面，用水管边冲洗边敷设养护膜，并控制好节奏和速度，保证养护膜内的高分子材料吸水膨胀至 3～5mm 厚度，且养护膜完全吸附于混凝土表面。两片养护膜之间出现搭接时，应控制搭接宽度为 100mm 以上。

（3）在养护膜的轴心内穿进一根 2.5m 左右的钢筋，然后用一根长 3.5m 左右的尼龙绳套住钢筋的两端（钢筋在绳套内要能转动），由一人倒拖着走，随后第二个人按同样的方法拖着第二卷膜紧紧跟上，相邻两膜之间的搭接宽度始终要保持 100mm 以上，尽量保持养护膜的顺直平整。

（4）另外两人用刷墙的滚轮在养护膜的两侧把自带的胶压紧到道面上，并保证两幅搭接处的胶粘牢，使膜与膜搭接 100mm 以上（图 8-2）。

为增强养护膜的抗风能力，在两幅养护膜的接缝处每隔 3～4m 压一个沙袋，或用土工布叠成卷压住封口并浇水。（图 8-3）

图 8-2　两幅搭接处粘牢

图 8-3 接缝处压沙袋

（5）铺贴结束后，用摊铺工具压在养护膜面上赶光，减少局部大气泡，提高节水、保温、保湿的养护性（图 8-4）。

图 8-4 赶光，减少局部大气泡

（6）养护期内，养护面上严禁无关人员走动，以免将养护膜踩破，影响养护质量。

（7）养护期满，应将养护膜及时回收，周转使用 1 次，废弃的养护膜及时清理出现场，保持施工现场的整洁美观。

养护膜养护主要施工人员见表 8-1。

表 8-1 养护膜养护主要施工人员表

序　号	姓　名	分工职责	人　数
1	工人	洒水	1
2	工人	铺膜	2
3	工人	压胶	2
4	工人	辅助	1

8.5 运输和储存

YHM-SP/106T（单卷尺寸为 2.8m×300m）养护膜由面膜和底膜组成。面膜具有抗拉强度和保水等性能；底膜为超薄塑料薄膜，具有透水性，其上吸附颗粒状吸水保水高分子材料。

8.5.1 运输

产品在运输时应注意轻拿轻放，禁止重压，防止刮破，防止坚硬物碰撞及日晒雨淋。

8.5.2 储存

产品应储存在阴凉、通风、干燥的库房内，堆放整齐，远离火源、隔热，避免日光直射。在《混凝土节水保湿养护膜》（JG/T 188—2010）规定的储存条件下，产品自生产之日起保质期为 12 个月。

第9章　道面切缝、刻槽与灌缝施工

9.1　道面接缝处理

机场道面除承受机轮荷载的作用外，还因其常年暴露在自然环境中，温度的变化会使混凝土板产生一定翘曲和收缩应力，从而导致道面变形。一般解决道面变形的方法有两种：疏导和约束。疏导的方法主要是将道面分成小块，块与块间设置不同的接缝；约束的方法主要是板面配筋。

民航机场道面分缝按作用机理可分成缩缝和伸缝。缩缝是防止混凝土在气温降低时产生不规则裂缝而设置的收缩缝；伸缝是防止混凝土在气温升高时在缩缝边缘产生挤碎或拱起而设置的伸胀缝。

按照缝是否贯通，道面缝又可分成假缝和真缝。假缝指的是在混凝土路面上做成不贯通整个路面厚的缝；真缝就是上下贯穿的缝。

按照缝的立面形状，道面缝可分成平缝和企口缝，平缝即两块混凝土之间的缝隙是平的；企口缝指的是相邻两块混凝土路面，一侧的中间榫头与邻侧侧边的榫槽吻接以传递荷载的接缝。

按照缝与道面的相对位置，道面缝又可以分成纵缝和横缝。而施工缝即是满足施工停歇需要设置的缝。

道面缝如图 9-1 所示。

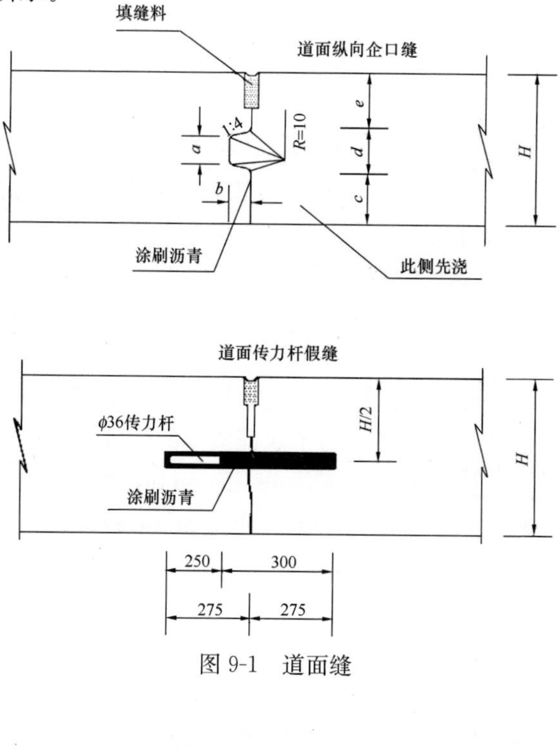

图 9-1　道面缝

9.1.1 切缝

当混凝土达到一定强度、产生收缩裂缝前，应按设计要求及时切缝。通常情况下，混凝土接缝上的槽口均采用硬切缝法施工，即混用切缝机在达到一定强度的混凝土表面切缝，一般在混凝土抗压强度达到 6～8MPa 时切缝为宜。

为避免混凝土道面发生不规则断裂，在拆模前进行切缝，切缝无法完全切到位，在拆模后要及时补切，防止补切不及时产生掉角。切缝深度一般不小于道面厚度的 1/3，如切缝深度无法达到道面厚度的 1/3 时，切缝深度应不低于 15cm。

图 9-2　切缝机切缝

如图 9-2 所示，采用切缝机进行道面切缝，先精确测定切缝位置，并用墨斗弹出标记，作为切缝导向；纵向施工缝应按照已形成的接缝切割，不应形成双缝（俗称双眼皮）；切割横缝时应注意相邻缝位置的连接，不应产生错缝。

道肩一般 15～20m 设一道胀缝，宽度一般设计为 2cm，在胀缝与道面相接的位置，一般预设长 15～20cm，厚度为 2cm 的木板，以防剔除胀缝混凝土时切不到位而无法彻底清除，造成胀缝板安放不到位产生质量隐患。

为保证切缝机操作安全，切缝工应采用从切缝机后面推进方式进行切缝，禁止从切缝机前拉进的方式。

对于浇筑过程发生跑模的部位，浇筑完毕后对发生跑模的部位重新沿缝放样后，用切缝机全部清除跑模部位，深度按修整至企口上端进行控制。

9.1.2 扩缝

为了消除道面收缩应力及温缩应力的影响，切缝后还需要进行扩缝处理，扩缝深度因镶缝材料的不同而有所不同，一般为 3～4cm，缝的宽度一般设计为 8mm。

扩缝机一般选用电动自行式扩缝机，避免了人工手推式行走速度不均匀，造成打边和扩缝深度不一致的弊端，如图 9-3 所示。

9.1.3 倒角

由于各类缝边角位置存在直角的情况，应力比较集中，容易因飞机荷载而产生掉边、掉角，设计要求倒角时进行倒角处理。为了保证倒角的美观与满足设计要求，倒角应在扩缝后进行施工。倒角半径按图纸要求确定，一般为 6mm，圆弧为 45°。其工艺如下：

清扫场地，安放导轨，调整好下刀深度，使用 8mm＋R6mm 的整体式圆角锯片进行倒角，倒角上弧与道面平顺，倒角机器在导轨上匀速行走，如图 9-4 所示。

用水进行冲洗清理切缝施工过程中产生的浮浆等杂物，并将道面冲洗干净。

图 9-3　电动自行式扩缝机扩缝

图 9-4　倒角

9.2　道面刻槽

北京新机场主跑道及快速出口滑行道刻槽，跑道刻槽范围纵向为跑道全长，横向为跑道全宽，刻槽的方向垂直于跑道及快速滑行道的中线；槽的形状为上宽 6mm、下宽 4mm、深 6mm 的梯形槽。相邻槽中线间距应为 32mm。

图 9-5　刀头锯片

9.2.1　主要机具准备

自行式刻槽机 3 台（按工程量与工期要求配置），19 片刀头锯片 3 组并做好备份（图 9-5），槽钢导轨（宽 20cm，钢板厚 5mm，槽钢长 6m，槽高 7cm）1 组，发电机 1 台，水管、电线、游标卡尺等辅助工具若干。

9.2.2　技术准备

刻槽前组织所有参加施工的管理人员、班组长、技术人员认真查看施工图纸，按图纸要求调整刻槽机锯片间距。

道面施工完成 28d 后并达到设计强度后，方可对道面进行刻槽处理。

9.2.3　施工工艺及技术要求

测量放线：按照《民用机场水泥混凝土面层施工技术规范》MH 5006—2015 的要求，对道面进行测量放线，槽连续通过道面的纵缝，距横缝不小于 75mm，不大于 120mm。嵌入式灯具附近 300mm 范围内不刻槽。调整锯片间距，相邻槽中线间距为 32mm，并满足以下技术指标：

刻槽机在槽钢制作的导轨上行走，保证刻槽的直线性满足规范及设计要求；北京新机场项目选用的槽钢宽 20cm，钢板厚 5mm，槽钢长 6m，槽高 7cm，槽钢两端部上部 1m 处用圆钢焊两个半圆，便于两个人用钢钩移动槽钢。

1. 刻槽

如图 9-6 所示，将自行式刻槽机依据槽钢位置就位，同时操作人员需随时控制、调整机械，保证槽的顺直度和质量，刻槽时由道槽中部向道肩方向逐步推进。刻槽机到跑道边时，将刀头抬离道面，关掉电源，人工拉动刻槽机退回跑道中线位置，移动导轨位置，进行下一次刻槽，重复操作。在操作过程中，锯片刀头需冷水降温处理，因此在刻槽机后设置专用水管实时冲洗锯片，水管横向设置在锯片垂直方向上，并开有与每个锯片对应的开口。刻槽机行走速度控制为 1.6m/min，槽型应完整，不允许出现毛边现象。

2. 灰浆冲洗

在刻槽过程中及时将废料冲洗清理干净，水泥灰浆及时收集处理，不得将废料直接排入土面区或机场雨水排水系统。

施工过程中中途尽量避免停机，停机时

图 9-6　刻槽机刻槽

迅速提升刻槽机刀头，以免停机时刀头下沉，刻槽深度超过标准而影响质量。

9.2.4　刻槽质量标准

刻槽质量应符合表9-1要求。

表9-1　刻槽质量要求

检查项目	技术指标或最大允许偏差	检查方法
槽深（mm）	−1～+2	用游标卡尺及尺量
槽宽（mm）	−1～+2	
相邻槽的中线间距（mm）	−1～+2	
槽的直线性（mm）	≤10	用20m长直线拉直检查

9.3　道面灌缝

北京新机场水泥混凝土道面灌缝设计选用了3种材料：接地带区域、西二跑道、联络道及滑行道采用硅酮材料；西一跑道中段选用预成型镶缝材料；停机坪、防吹坪、道肩及巡场路选用改性聚硫材料，施工情况分述如下：

9.3.1　硅酮、聚硫灌缝工艺

（1）清缝：如图9-7所示，采用切缝机钢丝轮清除接缝中夹杂的砂石、凝结的泥浆等，再使用压缩空气彻底清除接缝中的尘土及其他污染物，确保缝壁及内部清洁、干燥。缝壁检验以擦不出灰尘为灌缝标准。

图9-7　清缝

（2）填嵌缝料：填嵌缝料应在正常温度条件下进行，垫条为9～12mm的泡沫塑料条。硅酮的灌缝深度按6～10mm控制，改性聚硫灌缝深度应控制为12～15mm，填缝料应符合规范有关规定，灌缝饱满度适宜，如图 9-8 所示。

图 9-8　填嵌缝料

如图 9-9 所示，嵌缝从缝的较高处灌起，逐渐向低处快速移动流灌，嵌缝一次成活。其嵌缝高度应符合设计要求。

图 9-9　嵌缝

9.3.2　预成型密封条施工工艺

预成型镶缝材料相对传统的硅酮及聚硫等灌缝材料具有耐油、耐热、耐日光、耐化学试剂性能且有较高的拉伸强度和伸长率、抗老化性能，耐久性好，可有效提高道面接缝质量，减少因道面接缝质量不良造成的道面板质量隐患。其施工工艺如下：

（1）清缝：与上述使用硅酮材料清缝工艺相同。

（2）高压空气喷缝：与上述使用硅酮材料吹缝工艺相同。

（3）压条：使用专用设备将备好待用的密封条整卷安装在一体压条机中，检查胶粘剂液面并适量添加，由专业人员操作进行。一名推机手和一名助手共同协作，相互配合。主机手掌握好方向、匀速缓行；助手随时应付各种情况，检查嵌条多少、胶粘剂多少，并主要负责密封条顺序平整嵌入，不能出现扭曲。安装后配备 1~2 人辅助修整，嵌入高度按民用机场施工技术要求比道面低 2~6mm。刻槽、倒角区域应低于道面 6~10mm，保证安装后表面平整、光滑、密实、均匀、连续贯通，并且与缝壁黏结牢固，无脱缝、开裂、断裂、扭曲等现象，如有缺陷及时修整和处理。施工顺序应为先压横缝条，后压纵缝条，如图 9-10 所示。

图 9-10　压条

9.3.3　灌缝施工质量要求

（1）道面灌缝施工质量应符合表 9-2 要求。

表 9-2　道面灌缝施工质量要求

检查项目	质量及允许偏差	检查方法
下凹值（mm）	低于板面 2~10	每 2000m 抽检不少于 1 处，每处量一块板的 3 点，取平均值，尺量
有效深度（mm）	聚氨酯类：12~15	每 5000m 抽检不少于 1 处，每处取样不少于 100mm，每处量一块板的三点，取平均值，尺量
	改性聚硫类、硅酮类：6~10	
黏结度	与混凝土缝壁黏结良好，不应有脱开、扭曲现象	用眼睛观察，用手剥离，尺量
外观	不起泡、不溢油，颜色均匀，填缝料饱满、密实、缝面整齐、手感软硬均匀一致；接缝两侧板面干净，无填缝料沾污	

图 9-11　预成型密封条

（2）预成型密封条的施工应符合下列规定：

预成型密封条应采用专用设备压入缝槽。

预成型密封条安装时嵌缝条两侧及缝槽侧面应采用聚氯丁烯化合物黏结润滑，其固体含量应为 22%～28%，在－15～50℃应能保持液态，并应在保质期内使用。

洒到面层上的黏结润滑剂应立即清除，以避免其在面层上固化。

如图 9-11 所示，安装后的预成型密封条应均匀、平直，不应有扭曲、变形、断裂或超过 3% 的纵向拉伸或者压缩。安装后不符合要求的预成型密封条应采用新的预成型密封条重新安装。

设有倒角的接缝及刻槽面层与槽相垂直的接缝，预成型密封条表面宜低于面层表面6～10mm。

第 10 章　质量管理

10.1　指挥部、中心实验室、监理、施工单位质量管理程序

为了强化质量管理，理顺管理流程，经指挥部与民航质检总站共同协商，现将北京新机场飞行区工程质量试验检测管理程序规定如下：

10.1.1　总体原则

（1）指挥部采用施工单位自检、监理和中心实验室平行试验的模式进行工程质量管理。

（2）指挥部建立工程质量信息管理平台对飞行区工程质量信息进行管理，监理、检测和施工单位的试验检测数据统一上传至平台进行管理，中心实验室受指挥部委托负责平台的日常维护与数据统计分析等工作。

（3）指挥部对飞行区工程质量容易产生问题和有疑虑的部位随时进行抽检。

10.1.2　工程质量日常控制管理方法

（1）施工单位完成一道工序，进行自检合格后，通知监理单位进行平行试验。

（2）监理单位通知中心实验室，并同时到现场按规范和设计要求的项目参数、检测频率以及试验方法各自选点（取样）进行平行试验。

（3）监理和中心实验室按要求各自独立完成现场及室内试验检测工作，并及时形成试验报告。

（4）中心实验室试验报告报监理，同时由监理归档。

（5）试验报告同时合格时，由监理单位通知施工单位进行下一步工作。

（6）试验检测中出现不合格时，即由监理单位通知施工单位进行返工处理。

（7）施工单位返工处理后按上述工作流程进行复检，直至工程合格。

工作流程如图 10-1 所示。

10.1.3　遇到现场无法确定和解决的质量问题的控制管理方法

（1）由中心实验室和监理单位各自向指挥部写出专题报告。

（2）由指挥部组织设计、监理、检测和施工单位，共同研究解决方案。

（3）必要时组织专家论证会。

（4）形成最终的解决方案。

10.1.4　工程质量信息管理平台控制管理方法

（1）施工单位、监理单位、中心实验室应按照指挥部要求统一安装工程质量信息管理

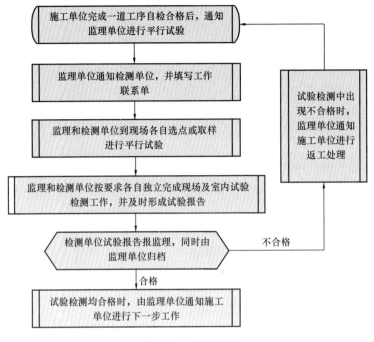

图 10-1　工作流程

软件。

（2）施工单位、监理单位、中心实验室完成现场和室内试验检测工作后，在工程质量信息管理软件中填写试验检测数据，通过网络或复制（无网络时）实时上传到工程质量信息管理平台。

（3）监理单位和中心实验室按照指挥部要求定期对所有汇总数据进行统计分析，完成总结报告，提交指挥部。

（4）指挥部和行业监管部门能够通过工程质量信息管理平台实时监控工程质量状况。

10.1.5　指挥部和行业监管部门质量检测

（1）由指挥部或行业监管部门向中心实验室提出抽检要求；

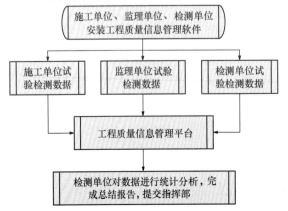

图 10-2　质量检测流程

（2）中心实验室按照要求进行检测，并提交检测报告。

质量检测流程如图 10-2 所示。

10.1.6　监理例会

监理单位每周组织监理例会，对工程质量存在的问题进行总结分析，提出解决的方案。

10.1.7　监理月报

监理单位每月向指挥部提交监理月

报，其主要内容如下：

（1）当月工程数量完成情况；

（2）工程质量情况汇总；

（3）存在问题；

（4）对存在问题提出解决方案；

（5）下月工程数量完成预计和质量目标；

（6）下月工程质量监理重点；

（7）其他需要汇报请求的事项。

10.1.8　试验检测报告

中心实验室每月向指挥部提交整个飞行区全部的试验检测报告，其主要内容如下：

（1）检测数量及结果汇总；

（2）对当月完成工程质量进行总结评价；

（3）对存在问题进行原因分析，并提出解决方法；

（4）下月工程检测重点和难点提出预案；

（5）其他需要汇报请求的事项。

10.1.9　对各单位实验室的管理

（1）实验室宜设在交通较为便利，且工程项目建设过程中不易变动的区域；

（2）实验室设施环境满足相应条件；

（3）实验室仪器设备和人员必须满足所管辖范围全部工程项目检测的要求；

（4）实验室仪器设备和人员必须满足相应条件；

（5）实验室应建立相应的管理制度。

① 人员管理制度：包括人员资格、岗位职责、规范检测、人员考核、奖惩机制等内容。

② 仪器设备管理制度：包含仪器设备购置（调拨）、验收、建档、安置、标识、溯源、日常使用、流转与维护保养、周期检定等主要内容。

③ 样品管理制度：包含样品的接受、标识、流转、储存、留样及处置等内容。

④ 试验检测记录管理制度：包含记录格式、信息、数据及数据处理、记录的更改原则、复核以及标识、查阅、归档等内容。

⑤ 报告审核签发管理制度：包含报告格式、信息、审核签发程序及检测报告发放、标识、查阅、归档等内容。

⑥ 试验检测环境管理制度：包含试件制作、样品储存、各操作间在试验过程中的温湿度要求等内容。

⑦ 安全与环保管理制度：包含特殊设备的操作细则、安全措施及设施，做好防盗、防火以及废弃物处置等内容。

⑧ 档案资料管理制度：档案资料应设专人动态管理，包含资料收发、标识、保管、查阅、修订和废止等内容。

⑨ 试验检测事故分析制度：包含试验检测事故发生时的处置及现场保护措施，检测

事故责任界定、原因分析、事故处理及应急预案制定等内容。

⑩ 不合格品管理制度：包含不合格品的复检、留样、反馈、建立不合格品台账以及记录不合格品的处置情况等内容。

（6）指挥部委托中心实验室对监理和施工单位实验室在业务上进行日常管理，并制订详细的管理方案，报指挥部批准后下发各单位执行。

10.2 对各施工单位质量管理的要求

10.2.1 建立质量管理保证体系

建立质量管理保证体系严格按照 ISO 9001 标准体系组织施工，建立健全施工现场的质量工作组织机构。具体质量管理体系组织结构如图 10-3 所示。

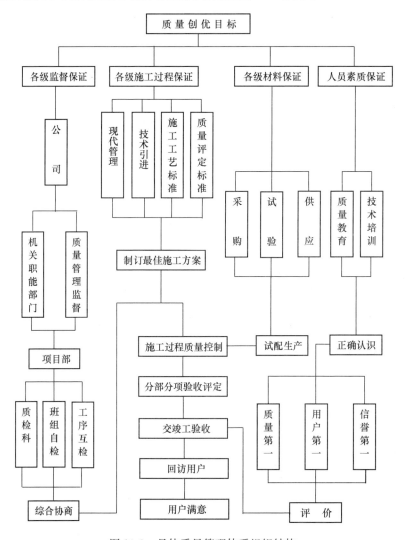

图 10-3　具体质量管理体系组织结构

10.2.2 制订创优计划

（1）项目经理是项目质量第一责任者，要领导开展创优工作，督促各班组建立创优责任制并监督落实。日常工作由施工技术部门及质检部门负责。

（2）各作业队长、工点负责人是本工程各单项工程及工点的创优负责人，负责把创优任务落实到工序，分解到作业班组直至作业人员。

（3）各业务部门要按业务范围，明确部门的责任，对创优活动制定相应措施，并认真执行实施细则及考核标准。

10.2.3 加强宣传教育，坚持技术培训

（1）大力宣传新机场的工程和社会意义，宣传创优工程的社会、经济意义与本企业及个人生存发展的关系，宣传优质工程的标准和要求，使全体员工知道什么是优质工程。

（2）人事教育部门应会同技术质检部门将技术培训列入年度教育计划，坚持做到特殊工种必须持劳动部门有效证件。

10.2.4 全面强化施工技术管理

（1）本工程具有质量要求高、外观标准高、施工技术难的特点，除按国家标准范围执行外，另制定相关的管理办法、文件及细则，以统一工程项目施工技术的管理工作。

（2）项目建立健全施工技术及质检机构，配齐人员，按上级管理办法，制定实施办法并督促检查落实。

（3）本工程配设有资质的工地实验室并报批，工地实验室应对成品、半成品和原材料进行严格检验控制，确保材料质量合格、资料齐全、试验数据准确，主要技术负责人要加强管理及监督。

10.2.5 加强内部检查，严格检查制度

（1）专职质量检查人员应督促检查质量工作，实行"质量一票否决制"，严格把关，协调服务，认真执行"三检制"。

（2）专职质量检查人员要每月召开质量例会，针对出现的问题提出解决办法，要求作业人员进行整改，并写出下月检查和控制的重点。

（3）要认真及时进行分项工程项目检查验评，按每月施工项目自检自评，项目部抽查当月分项工程质量验评项目，对未达到验标的分项工程，要查明原因并进行修整，达到验标时为止。

（4）专职质量检查人员对违章施工、不遵守工艺细则等危及质量工作的现象，有权劝阻和提出警告或处以罚款，对质量工作做出贡献的个人和集体，有权提出奖励的建议。

（5）上道工序未办理检查签证并施工未完成的，一律不得进行下道工序施工，特别是关键工序和特殊工序，对严重违背质量行为的，专职质量检查人员有权责令其停工，并立即向总工报告。

10.2.6　加强质量教育和培训

（1）大力推广运用新技术、新材料、新工艺、新设备，深入开展 QC 活动，并推广运用先进的施工工法和技术。

（2）确保道面混凝土的外观质量，特别是要抓好道面混凝土模板维修和使用。

（3）控制好混凝土的质量，优化混凝土的配合比，防止出现蜂窝、麻面、振捣不密实等现象。

（4）针对常见工程质量通病，要下足功夫，做出成绩，加强全过程质量管理，强化工艺措施，创出经验。

10.2.7　施工资料

本工程要求有专职资料管理员（信息员），负责收集、整理、保管以下资料并达标。

（1）创优规划及措施，质量管理体系等质保材料。

（2）施工工法编写资料，特别是施工中的原始数据，以便分析整理。

（3）各种材料合格证和复试报告齐全。

（4）各种施工记录、报表签证等内业资料按规定填写，做到标准化、规范化管理。

10.2.8　加强创优工作的检查、督促和协调

项目部应每季度对创优各项指标完成情况进行全面检查，对存在的问题及时协调解决。

10.3　质量保证措施

10.3.1　组建高素质的施工队伍

（1）选拔质量意识强、领导水平高、施工经验丰富、身体素质好的人员担任项目部、施工作业队现场指挥机构的第一管理者，要对工程质量终身负责。并配备功能齐全，业务熟练，配合默契的精干工作班子，具体做好质量管理和监察工作。指挥部要求各单位项目经理必须具有 10 年以上场道工程经验并承担过 3 个以上大型机场施工的项目经理，总工程师必须具有 10 年以上场道工程经验并承担过 3 个以上大型机场施工的总工程师。

（2）组建一支精干、技术过硬、工种齐全、作风顽强、能打硬仗的中老青相结合的施工队伍，加强队伍思想建设，提高全员质量意识。

10.3.2　加强施工技术管理

建立技术管理体系和岗位责任制。实行以项目总工程师为主的项目部技术责任制，同时建立各级技术人员的岗位责任制，逐级签订技术包保责任状，做到分工明确，责任到人，严格遵守基建施工程序，坚决执行施工规范。

10.3.3 认真编好施工组织设计及各项施工工艺

（1）在经过周密调查研究取得可靠数据的基础上，编制可行的施工组织计划，并严格按网络计划组织实施，坚决杜绝计划执行过程中的随意性，使整个施工过程时时处于受控状态，做到环环相扣，井然有序。

（2）认真编制施工技术方案。由单项工程技术负责人牵头，针对所承担工程的技术难易程度和环境特点，拟订两个以上的施工技术方案，提交给项目总工程师。项目总工程师组织有关人员，对所提出的施工技术方案进行对比分析、优化，最后确定一个实施方案。

（3）开工之初在编制施工组织设计的同时，编写工程质量计划，对本工程施工的质量形成过程进行策划，确保本工程的每道作业过程均处于受控状态。

10.3.4 强化监督检查

（1）项目部、施工队设专职的质量工程师。由坚持原则、不循私情、秉公办事的质检工程师担任，严把工程质量关。

（2）严格执行工程质量检查签认制度，凡须检查的工序经检查签认后才能转入下道工序施工。

（3）各施工单位项目部建立三级工序检查机制。凡须检查的工序必须在班组自检合格的基础上报施工员检查，施工员检查合格后报质量工程师进行检查。

（4）主动配合支持监理工程师的工作，积极征求监理工程师的意见和建议，坚决执行监理工程师的指令。

（5）加强过程控制检查。公司安排专职质量员检查控制施工过程并记录过程参数。严格控制施工过程参数，确保过程参数在操作规程规定的范围内。

10.3.5 强化质量意识，健全规章制度

（1）技术复核应在施工组织设计中编制技术复核计划，明确复核内容、部位、复核人员及复核方法。

（2）技术复核结果应填写《分部分项工程技术复核记录》，作为施工技术资料归档。

（3）凡分项工程的施工结果被后道施工所覆盖，均应进行隐蔽工程验收。隐蔽验收的结果必须填写《隐蔽工程验收记录》。

10.3.6 技术、质量交底制度

技术、质量的交底工作是施工过程基础管理中一项不可缺少的重要工作内容，交底必须采用书面签证确认形式，具体可分为以下几方面：

（1）项目总工程师必须参加指挥部主持的图纸设计交底会并做好记录。

（2）施工组织设计编制完毕并送指挥部和总监审批确认后，由项目经理牵头，项目总工程师组织全体人员认真学习施工方案，并进行技术、质量、安全、环境书面交底，列出关键分部工程和施工要点。

（3）本着谁负责施工、谁负责质量安全工作的原则，各分管分项工程负责人在安排施

工任务同时，必须对施工班组进行书面技术质量、安全交底，必须做到交底不明确不上岗，不签证不上岗。

10.3.7　工程质量奖罚制度

（1）遵循"谁施工、谁负责"的原则，对各施工队，班组进行全面质量管理和追踪管理。

（2）凡各施工队、班组在施工过程中违反操作规程，不按图施工，屡教不改或发生了质量问题，项目部对其进行处罚。

（3）凡各施工队、班组在施工过程中，按图施工，质量优良，项目部对其进行奖励，奖励形式为表扬、表彰、奖金。

（4）项目部在实施奖罚时，以平常检查、抽查、业主大检查、监理工程师评价等形式作为依据。

10.4　施工过程中施工单位和指挥部、监理、设计的协调工作

10.4.1　施工单位和指挥部的协调工作

（1）积极做好与指挥部沟通和联系，坚决服从指挥部的有关协调，要紧紧抓住资金、质量、进度、安全等重点问题进行协调。

（2）按时向指挥部提供生产计划、统计资料和需建设单位协调解决事项。

（3）在施工过程中，积极与业主配合，严格履行合同规定的各项权利和义务。

（4）根据现场实际情况，结合本单位相似工程的施工经验，对施工过程中出现的各项问题提出合理化建议。

工作联系单（一）如图10-4所示。

10.4.2　施工单位与监理单位协调

（1）项目经理部设置技术质量部和安全生产部统一协调配合监理的各项工作，并处理好与监理工程师之间的关系。

（2）在工作中积极主动与监理工程师保持密切联系，隐蔽工程经内部检查合格后，填写检查证，备齐有关附件后，按规定时间，通知监理工程师验收签证。

（3）及时落实监理工程师下达的指令、通知，虚心接受监理工程师的检查，直至监理工程师满意为止。

建设工程施工现场五方责任主体履责情况自查表，如图10-5所示。

工作联系单（二）如图10-6所示。

10.4.3　施工单位与设计勘察单位协调

（1）对施工之前和施工过程发现设计的差、错、漏等问题及时向设计单位反映，经建设、设计、监理共同研究后，及时变更。

（2）积极配合设计单位的现场设计组，并接受设计人员的监督。

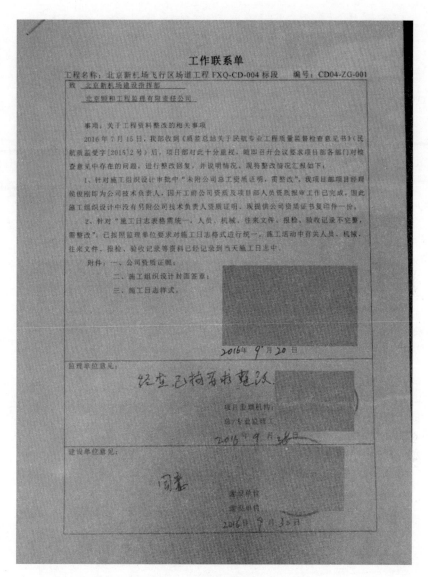

图 10-4 工作联系单一

（3）当出现设计问题和变更时，项目部应配合设计院做好施工图设计深化、修改工作，并及时将修改作业图纸分发到每一位相关管理人员手中，配合、指导现场施工人员按图施工。

工作联系单（三）和设计变更通知单分别如图 10-7 和图 10-8 所示。

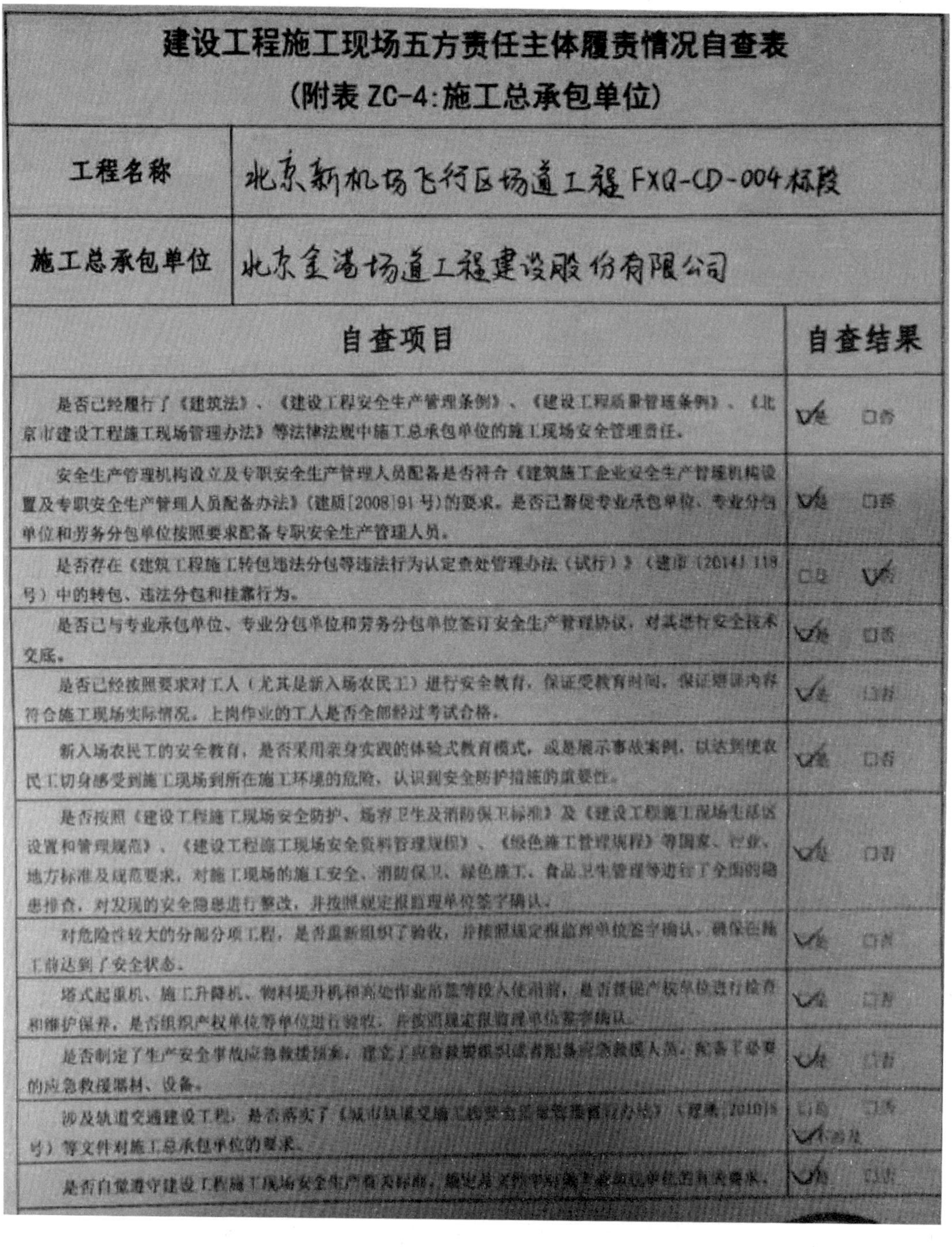

建设工程施工现场五方责任主体履责情况自查表 (附表 ZC-4:施工总承包单位)		
工程名称	北京新机场飞行区场道工程FXQ-CD-004标段	
施工总承包单位	北京金港场道工程建设股份有限公司	
自查项目	自查结果	
是否已经履行了《建筑法》、《建设工程安全生产管理条例》、《建设工程质量管理条例》、《北京市建设工程施工现场管理办法》等法律法规中施工总承包单位的施工现场安全管理责任。	☑是	□否
安全生产管理机构设立及专职安全生产管理人员配备是否符合《建筑施工企业安全生产管理机构设置及专职安全生产管理人员配备办法》(建质[2008]91号)的要求。是否已督促专业承包单位、专业分包单位和劳务分包单位按照要求配备专职安全生产管理人员。	☑是	□否
是否存在《建筑工程施工转包违法分包等违法行为认定查处管理办法(试行)》(建市[2014]118号)中的转包、违法分包和挂靠行为。	□是	☑否
是否已与专业承包单位、专业分包单位和劳务分包单位签订安全生产管理协议,对其进行安全技术交底。	☑是	□否
是否已经按照要求对工人(尤其是新入场农民工)进行安全教育,保证受教育时间,保证培训内容符合施工现场实际情况。上岗作业的工人是否全部经过考试合格。	☑是	□否
新入场农民工的安全教育,是否采用亲身实践的体验式教育模式,或是展示事故案例,以达到使农民工切身感受到施工现场到所在施工环境的危险,认识到安全防护措施的重要性。	☑是	□否
是否按照《建设工程施工现场安全防护、场容卫生及消防保卫标准》及《建设工程施工现场生活区设置和管理规范》、《建设工程施工现场安全资料管理规程》、《绿色施工管理规程》等国家、行业、地方标准及规范要求,对施工现场的施工安全、消防保卫、绿色施工、食品卫生管理等进行了全面的隐患排查,对发现的安全隐患进行整改,并按照规定报监理单位签字确认。	☑是	□否
对危险性较大的分部分项工程,是否重新组织了验收,并按照规定报监理单位签字确认,确保在施工前达到了安全状态。	☑是	□否
塔式起重机、施工升降机、物料提升机相高处作业吊篮等投入使用前,是否督促产权单位进行检查和维护保养,是否组织产权单位等单位进行验收,并按照规定报监理单位签字确认。	☑是	□否
是否制定了生产安全事故应急救援预案,建立了应急救援队伍(或者指定)兼应急救援人员,配备了必要的应急救援器材、设备。	☑是	□否
涉及轨道交通建设工程,是否落实了《城市轨道交通工程安全质量管理暂行办法》(建质[2010]5号)等文件对施工总承包单位的要求。	□是 ☑不涉及	□否
是否自觉遵守建设工程施工现场安全生产有关标准,编制与文件中对施工总承包单位的相关要求。	☑是	□否

图 10-5　建设工程施工现场五方责任主体履责情况自查表

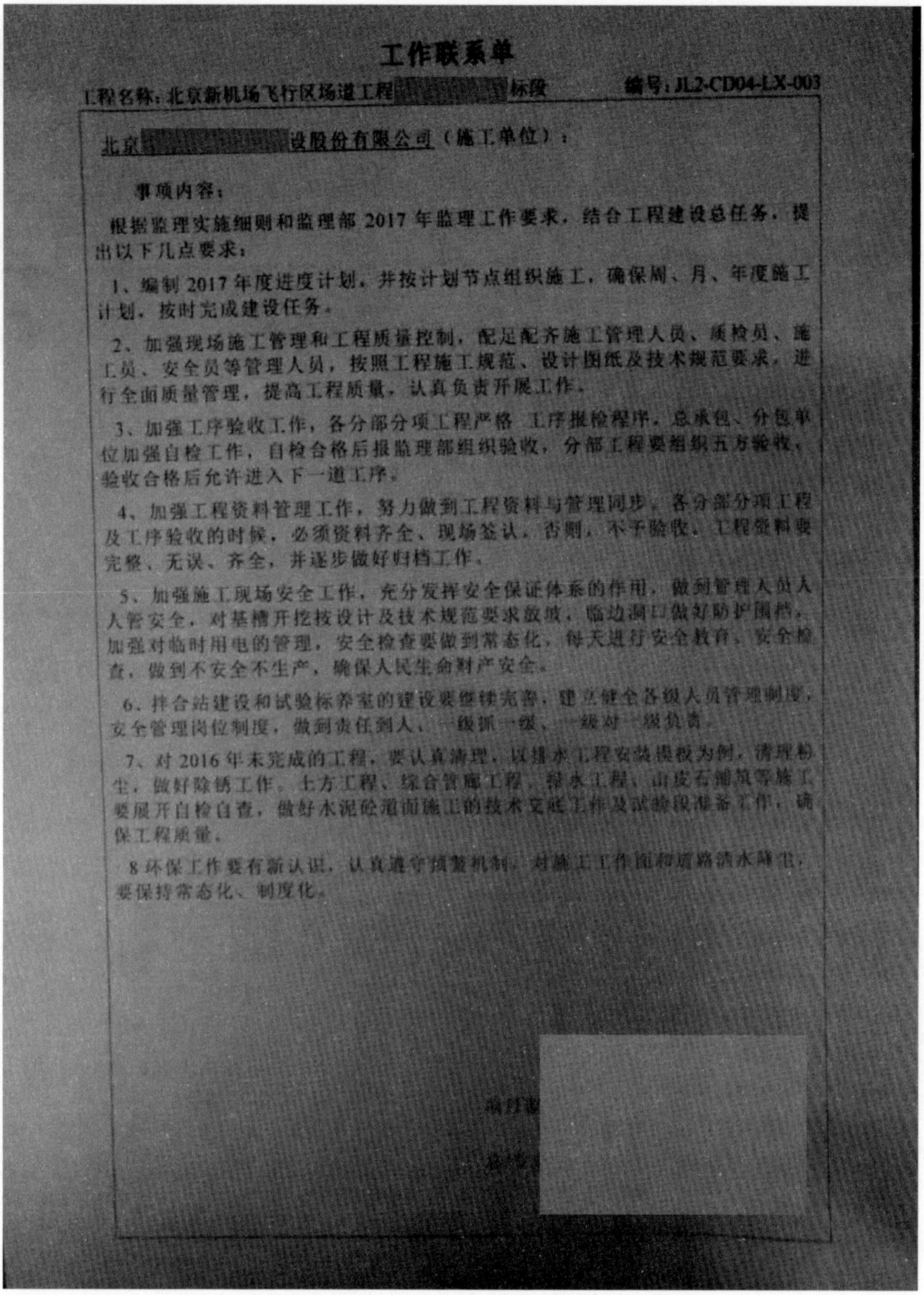

工作联系单

工程名称：北京新机场飞行区场道工程　　　　　　标段　　　　编号：JL2-CD04-LX-003

北京　　　　　　　设股份有限公司（施工单位）：

　　事项内容：

　　根据监理实施细则和监理部 2017 年监理工作要求，结合工程建设总任务，提出以下几点要求：

　　1、编制 2017 年度进度计划，并按计划节点组织施工，确保周、月、年度施工计划，按时完成建设任务。

　　2、加强现场施工管理和工程质量控制，配足配齐施工管理人员、质检员、施工员、安全员等管理人员，按照工程施工规范、设计图纸及技术规范要求，进行全面质量管理，提高工程质量，认真负责开展工作。

　　3、加强工序验收工作，各分部分项工程严格 工序报检程序，总承包、分包单位加强自检工作，自检合格后报监理部组织验收，分部工程要组织五方验收、验收合格后允许进入下一道工序。

　　4、加强工程资料管理工作，努力做到工程资料与管理同步，各分部分项工程及工序验收的时候，必须资料齐全、现场签认，否则，不予验收，工程资料要完整、无误、齐全，并逐步做好归档工作。

　　5、加强施工现场安全工作，充分发挥安全保证体系的作用，做到管理人员人人管安全，对基槽开挖按设计及技术规范要求放坡，临边洞口做好防护围挡，加强对临时用电的管理，安全检查要做到常态化，每天进行安全教育、安全检查，做到不安全不生产，确保人民生命财产安全。

　　6、拌合站建设和试验标养室的建设要继续完善，建立健全各级人员管理制度，安全管理岗位制度，做到责任到人、一级抓一级、一级对一级负责。

　　7、对 2016 年末完成的工程，要认真清理，以排水工程安装模板为例，清理粉尘，做好除锈工作。土方工程、综合管廊工程、得水工程、山皮石铺筑等施工要展开自检自查，做好水泥砼道面施工的技术交底工作及试验段准备工作，确保工程质量。

　　8环保工作要有新认识，认真遵守预警机制，对施工工作面和道路洒水降尘，要保持常态化、制度化。

图 10-6　工作联系单（二）

中国民航机场建设集团公司

工 作 联 系 单

项目名称	北京新机场工程			编 号	
工程名称	飞行区道面工程			设计号	(14)01-49-1
经办人		校 核		批 准	
联系电话		传 真	\	第 1 页	共 页
收文单位	北京新机场飞行区工程部			收件人	
事 由	关于场道 4 标与道面相接处铺筑面垫层特殊处理的问题			日 期	2017.6.1

北京新机场飞行区工程部:

　　由于工序衔接以及施工工艺等问题, 道面衔接处铺筑面垫层施工时易造成已完成道面损坏。从技术合理的角度, 我院同意将道面衔接处的铺筑面结构层中山皮石垫层部分改为湿贫混凝土。置换宽度为 0.5m, 厚度约为 0.12m。湿贫混凝土垫层与相邻的山皮石垫层间需考虑相应的搭接处理。

　　若考虑在本标段内置换湿贫混凝土垫层, 机坪道面衔接处置换垫层所需湿贫混凝土约为 50 方, 跑道道面衔接处置换垫层约为 233 方, 滑行道道面衔接处置换垫层约为 745 方。具体工程量以现场实际发生为准。

　　具体置换范围现场相关单位需根据实际情况经协调后确定。

中国民航机场建设集团公司
规划设计总院

图 10-7　工作联系单（三）

设计变更通知单

编号：R-8-16　　　　　　修改码/版本：0/F　　　　　　流水号：

项目名称	北京新机场工程	设计号	(14) 01-49-1	图号	
工程名称	飞行区道面工程			专业	场道

关于道面结构层衔接处处理变更的通知

由于工序衔接以及施工工艺等问题，施工单位在进行道面与道肩结构层衔接处山皮石垫层施工时，施工器械对已完成道面易造成损坏。针对该情况，设计将道面与道肩衔接处的山皮石垫层相应变更为水泥稳定碎石。置换宽度为 0.5m，厚度约为 0.12m，衔接处水稳层与山皮石垫层以倒角搭接。道面结构图相关调整详见附图。

经初步估算，考虑全场整体置换时，机坪道面衔接处置换垫层所需水泥稳定碎石约为 530 方，跑道道面衔接处置换垫层约为 1737 方，滑行道道面衔接处置换垫层约为 6293 方，合计 8560 方。具体工程量以现场实际发生为准。

图 10-8　设计变更通知单

10.5　特殊情况处理

对混凝土质量缺陷，尤其是裂缝，总原则是不隐蔽，端正思想，仔细分析其成因。首先是班组开会，找到责任人，按照规定进行相应处罚，然后对质量缺陷进行彻底处理。

在混凝土施工过程中，不论现场管理水平如何，混凝土结构的施工都不可能在非常理想的条件下进行，往往会由于种种原因造成混凝土质量缺陷，或者是结构形式的特殊，或者是气候条件的恶劣，或者是施工方法、施工工艺的不规范等，一般情况下，很容易在混凝土结构的浇筑过程中或刚刚施工完不久产生表面缺陷。

混凝土结构外观缺陷大致可以归纳为严重缺陷和一般缺陷两大类。严重缺陷指断板、严重裂缝、错台、边角断裂、大面积不均匀沉陷、起皮、剥落、露石等；一般缺陷指较小面积的剥落、起皮、露石、沾浆、印痕、积瘤、发丝裂纹、蜂窝、麻面、灌缝不良等。不管是哪一种缺陷，都会对混凝土结构的质量带来不利的影响。所以找到混凝土结构产生表面缺陷的内因，在施工中有针对性地采取治理措施，对严重缺陷彻底返工处理，一般缺陷加以必要的修复处理，以提高结构的质量。

本工程中西一跑道与 C4 联络道交接部位道肩混凝土已于 2018 年 9 月份施工完毕，在后续的扩缝、灌缝施工中及 2018 年度历次质量检查中未发现混凝土板断裂情况，直到在 2019 年 6 月 22 日的例行质量检查中，发现上述区域有一块混凝土板块发生断裂（图 10-9），项目部随后展开道面板质量问题排查工作，在类似区域（跑道与滑行道交叉部位）发现同类问题 3 处，项目部针对此项质量问题召开专题会议，同时查看了问题部位的混凝土浇筑及养护记录、原材料使用情况、施工日志、当天混凝土配合比通知单以及下基层施工记录等技术文件，未发现施工当天气温情况、技术操作及后续养护过程中存在质量隐患，后经公司专家现场实地查看，认为上述断板产生的主要原因：由于 2019 年 6 月份以后，高温天气频发，导致混凝土板内部受热膨胀产生较大的拉应力，致使混凝土板块产生挤压现象，尤其是跑道、滑行道与道肩交接部位，因为结构层厚度不同，混凝土板受热后变形不一致，尤其是道肩部位，因其结构相对于跑道与滑行道来说，较为薄弱，此部位拉应力尤为明显，因此出现道肩板开裂的情况。针对上述裂缝较为严重，道面板已不具备修补检查，项目部做出整块板翻修的处理方案（图 10-10）。

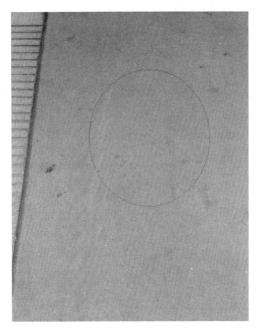

图 10-9　混凝土板断裂　　　　　　　　　　图 10-10　整块混凝土板翻修

在混凝土道面施工中，在养护期结束前后，常发生混凝土道面板边角处沿与角隅等分线大致相垂直方向产生断裂，在胀缝处特别容易发生。块角到裂缝两端距离小于横向边长的一半。通过原因分析，发现基础在温度应力的作用下，逐步产生塑性变形累积，使角隅应力逐渐递增，导致断裂。胀缝往往是位于端模板处，拆模时容易损伤；而在下一相邻板浇揭时，由放已浇板块强度有限，极易受伤，造成隐患，故此处角隅较易断裂。

通过与设计单位协商，做出沿裂缝锯齐凿去板块后，在混凝土中部需放由 3～5 根 $\phi 10$ 钢筋制成的防裂钢筋网片的处理方案，从而提高了混凝土板边或角隅处的混凝土强度。

第 11 章　总结与验收

11.1　总　　结

经过近两年的奋战，施工单位终于完成了全部场道道混凝土施工，2018 年 12 月 26 日，在场道 12 标中国航空港建设第八工程总队标段举行了最后一车混凝土封仓仪式，指挥部指挥长姚亚波在会上发表了讲话，他盛赞各施工单位两年来的紧张施工，顽强拼搏，一丝不苟，完成了世界上质量一流的跑道，为首都，为祖国而做出了伟大的贡献。中心实验室、监理和施工单位代表也在会上发言，感谢组织信任，让我们能参与北京新机场这一举世瞩目伟大工程的建设，我们非常自豪！（图 11-1～图 11-3）

图 11-1　完成的北京新机场场道工程

2019 年 1 月 13～14 日，在中心实验室主持下，参与建设的施工单位、监理等各方工程技术人员在施工现场召开了北京新机场场道混凝土工程施工技术总结大会，大家畅所欲言，讨论了从 2014 年开始以来，我们遇到的技术难题、解决的方法、最后的成绩。会议的结果主要如下。

11.1.1　在如此巨大体量的混凝土工程中实现了无裂缝施工，实属罕见

裂缝已经成为现代混凝土的癌症，我们的桥梁、房屋、隧道、道路以及许许多多的重要的混凝土结构裂了，甚至我国每年都发生房倒桥塌的恶性事故。这些问题不解决，混凝

图 11-2 姚亚波指挥长在封仓仪式上讲话

图 11-3 最后一车混凝土封仓仪式

土结构的使用安全和使用寿命就无从谈起。这是我们混凝土科技工作者必须要做好的工作和使命。

但解决裂缝问题谈何容易！裂缝产生的因素几乎涵盖了设计、水泥生产、砂石骨料、配合比、施工工艺、气候条件、施工机械等各个方面的因素，更何况场道工程是露天施工，不可控的因素更多。

重要的是我们从 2014 年开始对问题的复杂性和艰巨性就有了充分的认识，做了充分的准备，所以，在本机场取得了圆满的成功！给业主和社会交了一份满意的答卷，这是我们的骄傲（图 11-4）。

图 11-4　施工完成的场道

11.1.2　研制开发了抗裂水泥

大幅度降低混凝土的 C_3S、C_3A 含量和比表面积，降低了需水量，科学设计水泥颗粒的级配，根据不同工程特点，把混合材掺量使用到最佳，大幅度降低 3d 强度，大幅度降低需水量，大幅度降低水泥的收缩，这是我们为本机场专门研制的水泥的特点，它在我们进行无裂缝施工中，起到定海神针一般的重要作用，这是我们在本机场取得的最大的科研成果和技术创新。

11.1.3　弄清了网状裂缝产生的原因，但在本机场未完全实现

如图 11-5 和图 11-6 所示，在 2017 年的施工中，全场基本实现了无网状裂缝施工，但在 2018 年的施工中，许多施工单位的网状裂缝又重新出现了，杨文科对网状裂缝的产生提出了七个主要原因，2018 年多次组织施工单位开会，分析原因，基本排除了施工因素，主要是水泥生产时的原材料有变化，但这个结论还需要下一个工地验证。

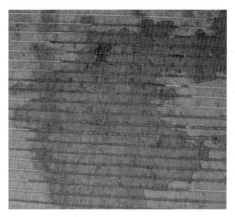

图 11-5　2017 年基本无网状裂缝

图 11-6　2018 年部分道面出现了网状裂缝

11.1.4　第一次把水泥生产拉入混凝土质量控制体系

第一次把水泥生产拉入全面质量管理的范畴，并取得了意想不到的效果，这对行业人改变思路、控制裂缝、提高质量探索了新方法，这对促进行业技术进步、提高耐久性，有非常重要的意义。

总之，北京新机场解决裂缝问题取得一定的成绩和效果，是用"蚂蚁啃骨头"的精神，一点一点抠，一步一步挖潜力而达到的。本工程共取得了十二项技术创新。

原材料准备、配合比原则、施工工艺要求、养护方法，形成了从原材料准备到成品养护的组合拳！也形成了强大的技术优势！

施工前开会研究工艺及问题，对拆模后出现的问题和成绩及时进行总结、交底，责任明确到位是解决裂缝问题最有效的管理模式。

只要用心好好做，就能做好。

如图 11-7～图 11-10 所示，在施工过程中，我国混凝土界许多著名权威亲临现场进行指导，在此表示深深地谢意！

图 11-7　清华大学廉慧珍教授现场指导

图 11-8　中国混凝土与水泥制品协会徐永模执行会长、师海霞副秘书长到施工现场指导

图 11-9　中国砂石协会胡幼奕会长（左三）、中国建筑科学院建研建材有限公司冷发光总经理（右三）、
北京建筑大学宋少民教授（左二）到现场指导

图 11-10　中国混凝土与水泥制品协会韩先福副会长（右三）到现场指导

11.2　验　　收

2019 年 3 月北京北京大兴国际机场建设指挥部和北京大兴国际机场管理中心联合成立北京大兴国际机场工程验收管理委员会。

2019 年 4 月 28 日~4 月 30 日，2019 年 6 月 26 日~28 日，飞行区工程在第 1~47 批次预验收基础上进行了第一批竣工验收工作，在第 48~132 批次工程预验收基础上进行了第二批竣工验收工作，民航专业工程质量监督总站全程参与了两次竣工验收工作，并出具了工程质量监督报告。预验收过程的外观、实测和资料等项目工作均按照竣工验收范围和频次进行开展。

11.2.1　飞行区行业验收范围

（1）道面混凝土合计 952 万平方米。其中跑道道面 86 万平方米，滑行道联络道道面 336 万平方米、机坪 242 万平方米、道肩及防吹坪 184 万平方米、服务车道及巡场路 104 万平方米。

（2）土面区 830 万平方米。

（3）1~5 号下穿通道工程、磁大路下穿通道工程、灯光带下沉通道工程、旅客捷运及行李预留通道共计 8 条合计 9.28km。

（4）东、西及磁大路 3 条综合管廊。

（5）1~3 消防站及急救站工程及配套总图工程；1~4 号道口，双层围界 82.16km。

11.2.2　验收组织架构

飞行区工程竣工验收工作组分为场道工程、目视助航设施及供电工程、公安消防安检工程、工程档案四个专业验收组，成员由指挥部飞行区工程部和相关部门、北京大兴国际机场管理中心、4 家监理单位、第三方检测单位和参会的各级领导共同组成，中国民用航空局机场司、民航华北地区管理局、首都机场集团公司参加了竣工验收。

11.3　验收情况

场道工程组对跑道、滑行道、快速出口滑行道及联络滑行道，以及配套机坪，通道及桥梁，服务车道及围场道，综合管廊，飞行区排水设施，围界和飞行区服务设施等各项工程实体进行全面外观检查，对道面高程、平整度、平均纹理深度、尺寸、纵坡、混凝土强度等项目进行实测实量，所有实测项目满足设计及规范要求。竣工验收过程中提出外观整改 317 项，整改项已全部整改完成。

11.4　结　　论

各施工单位已按照合同约定，依据设计施工图纸及变更洽商等一系列技术指导文件，相关的法律、法规，行业技术规范和标准要求完成本次行业验收范围内的全部施工任务。

工程质量控制资料经核查：符合要求。

工程安全和主要使用功能经核查：无安全、质量问题，满足使用要求。

工程观感质量评定：良好。

工程资料齐全、完整。

附件

将无裂缝施工进行到底

各位同行：今夜灯火辉煌，星光灿烂。北京新机场经过近 5 年的施工，本月已经完成了行业验收，机场由施工期转入运营准备期。我们参加了新机场建设的工程技术人员（许多朋友已经转战到国内外其他建设工地了）今夜欢聚一堂，明天我们中的许多人将离别，转战到全国不同的建设工地，我们为他们送行，为他们祝福！现在酒过三巡，我来谈谈近五年来的感受。

首先，我们为自己能够参加这样一个跨世纪工程的建设而自豪！我们的自豪在于：祖国在强大，单位在发展，个人才能进步，作为一个普通的工程技术人员，能够参加北京新机场建设是我们难得的机遇，它设计理念先进，体量巨大，技术难度高，使每一个工程技术人员遇到了巨大的挑战，经过近五年的紧张施工，我们每个人不但用自己辛勤的汗水完成了自己的本职工作，还取得了许多让人难以置信的成果，我们在近千万平方米的混凝土跑道上实现了无裂缝施工，并且在地下管廊、地下汽车通道、桥梁等不同类型的工程中，进行了无裂缝试验性施工，取得了满意的效果。我们研制了抗裂水泥，它良好的使用效果超出了我们的想象，也引起了行业的关注，所有这一切，没有北京新机场这个世人瞩目的项目，这些成功都是不可想象的！

此时此刻，我们要歌唱祖国、歌唱这个伟大的时代！

大家知道，裂缝是世界级的难题，各国的科学家，进行了大量的、长时间的研究，也一直没能解决，它严重影响了结构的耐久性和使用安全，是每个混凝土人都无法绕开的技术瓶颈，我们自己也在黑暗中摸索了近 20 年，一直找不到解决的办法。试想一个隧道设计耐久性 100 年，拱部出现裂缝，天天漏水，耐久性 100 年从何而来？一道梁设计强度 C50，裂缝了，C50 强度从何而来？这就是我们每一个混凝土工作者面临的尴尬和难题，也是全世界混凝土科学发展遇到的巨大障碍！

在北京新机场的项目建设中，我们总结了前人的经验，踩着前人的肩膀，在前人研究的基础上，第一次把水泥的生产纳入混凝土质量控制体系，我们第一次对粉煤灰、矿粉、外加剂采取了比前人更灵活的态度，那就是需要用的时候用、不需要用的时候不用，我们第一次对影响裂缝的因素，用蚂蚁啃骨头的办法一一排查，提出相应的措施和方案，最后我们看到了解决这一难题的曙光，找到了解决这个问题的钥匙，我们终于在北京新机场实现了大范围的无裂缝施工，并且骄傲的宣布：谁看见一条裂缝，奖励 1 万元人民币！这一消息在行业内引起震动，也引起了其他行业的重视，京张高铁八达岭地下火车站用我们研制的水泥，实现了无裂缝施工，北京市政地下管廊和大兴水厂用我们研制的水泥，也实现了无裂缝施工，山东日照北鹭湾项目，在千里之外试用我们研制的水泥和施工工艺，实现了试验段无裂缝施工！在北京新机场完工之际，所有这些，都是让我们倍感振奋的好消息！

通过施工的实践总结，我们更进一步认识到混凝土这门学科的特点和它的复杂性。我们总结出了一条真理，就是只有不断地通过实际工程的实践和总结，才是解决一切混凝土技术问题的基础和源泉。

各位同行朋友，明天许多人就要离开北京新机场，要去全国不同的建设工地，也许我们几年，甚至几十年见不着面了，但我们一生也不会忘记我们在新机场奋斗过、拼搏过，北京新机场的工程虽然顺利竣工了，但我们在这里取得的技术成果，一定会在其他工地继续发扬光大。特别是无裂缝施工技术，通过这 5 年来的反复实践，我们可以完全有把握地说，在高铁、地铁、码头、机场等常规工程上实现无裂缝施工在技术上完全没有问题了，并可以大幅度地提高这些工程的使用安全性和耐久性。我们认为，距离彻底解决这一世界难题，只差一步之遥，所以，我们一定不能停顿，要继续完善总结，继续把无裂缝施工进行到底！

各位同行朋友，混凝土科学是我们的事业所在，感情所在，我们都是混凝土的发烧友。通过北京新机场的实践，我们更加坚信：混凝土学科最前沿、最尖端的技术问题，我们在全国各地的同行都有能力来解决！我这样说绝对不是"乐观主义"，这主要是由于祖国的建设事业蒸蒸日上，给我们每一位混凝土工作者提供了体量巨大的、技术难度非常高的实践机会和平台，大家知道世界每年工程建设 60% 的项目在中国，中国两年的混凝土产量相当于美国近 200 年来的总和，所有世界上最难、最复杂、体量最大的工程现在都在向中国集中，这样的实践机会是世界上其他国家同行都不具备的，而实践证明，用实验室的小试件试验，来解决混凝土的重大技术问题，似乎是可笑的。所以在我们这个行业，崇洋媚外是有害的，美国的飞机、电子计算机、手机技术上可能比我们先进，但这 30 年来，美国的混凝土学者，我们的那些同行，没有修过高铁，没有建过三峡，没有修过港珠澳大桥，没有修过北京新机场，我们还是以人家的马首是瞻，说我们的技术水平比美国、比西方发达国家还落后 30 年、50 年，难道我们是弱智？祖国给我们这些技术人员提供了这么多的实践机会，中国又具备研究混凝土所有的自然条件（高温干旱、大风、冰冻、硫酸盐侵蚀等极端条件），我们中国人有聪明的头脑、勤劳的双手，所以，我们走在世界混凝土这么学科的最前列，是一个必然的、没有疑问的、百分之百的事件。此处给点掌声！

酒后之言，不妥之处，大家谅解，我们干杯！

将无裂缝施工进行到底！

杨文科

2019 年 7 月 21 日于北京新机场工地